实用手绘系列教程

U0350611

裴爱群　梁军　著

产品设计实用手绘教程

大连理工大学出版社

图书在版编目(CIP)数据

产品设计实用手绘教程 / 裴爱群,梁军著. —大连
:大连理工大学出版社,2010.2(2012.1重印)
　ISBN 978-7-5611-5416-8

　Ⅰ.①产…　Ⅱ.①裴…②梁…　Ⅲ.①产品－设计－
高等学校－教材　Ⅳ.①TB472

　中国版本图书馆 CIP 数据核字(2010)第 031384 号

大连理工大学出版社出版
地址:大连市软件园路 80 号　邮政编码:116023
电话:0411-84708842　邮购:0411-84703636　传真:0411-84701466
E-mail:dutp@dutp.cn　URL:http://www.dutp.cn
大连金华光彩色印刷有限公司印刷　　大连理工大学出版社发行

幅面尺寸:185mm×260mm　　印张:9.75　　字数:110 千字
印数:3001~6000
2010 年 2 月第 1 版　　　　　　2012 年 1 月第 2 次印刷

责任编辑:房　磊　　　　　　　　　　责任校对:王贵喜
封面设计:王志峰

ISBN 978-7-5611-5416-8　　　　　　　　定　价:60.00 元

作者简介

裴爱群

国家职业技能鉴定标准开发组成员
实用手绘基础理论创始人
《裴爱群作图法则》永久知识产权人
受聘全国多家院校客座教授
填补设计教学理论多项行业空白
著有《室内设计实用手绘教程》
《室内设计实用手绘教学示范》
《产品设计实用手绘教程》
《景观设计实用手绘教程》
发表《解析设计手绘十大误区》
《向历史和传统的呐喊》
《设计？臆造？彷徨！呐喊！》

　　所谓设计，就是在特定的条件下运用合理的手段解决特定问题的过程。

　　设计手绘必须坚持"真实性、科学性、实用性、艺术性"这"四项基本原则"。（裴爱群）

梁 军

黄山学院艺术系设计教师
浙江大学工业设计硕士
黄山设计手绘培训工厂组建人
发表设计手绘研究论文多篇
著有《空间设计手绘表现图解析》
参编《产品设计进阶》等

　　了解设计手绘在今天设计实践工作中的作用及设计手绘的真正内涵，是我们学习设计手绘应该解决的首要问题，同时也是笔者在设计教学及设计实践工作中一直思考的问题，"设计手绘技术进化论"便是笔者思考后的总结。（梁军）

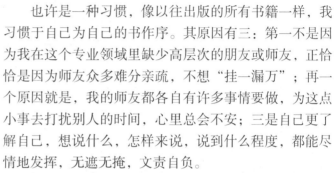

意在笔先

（自　序）

　　也许是一种习惯，像以往出版的所有书籍一样，我习惯于自己为自己的书作序。其原因有三：第一不是因为我在这个专业领域里缺少高层次的朋友或师友，正恰恰是因为师友众多难分亲疏，不想"挂一漏万"；再一个原因就是，我的师友都各自有许多事情要做，为这点小事去打扰别人的时间，心里总会不安；三是自己更了解自己，想说什么，怎样来说，说到什么程度，都能尽情地发挥，无遮无掩，文责自负。

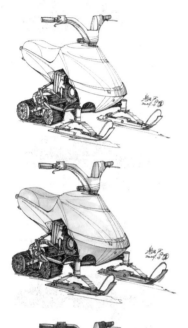

　　已经出版发行的《室内设计实用手绘教程》和《室内设计实用手绘教学示范》，被多家高校和职业院校确定为课堂教材而广泛使用，这也充分说明，笔者提出的"实用手绘"理论正被越来越多的人接受和运用。

　　这本《产品设计实用手绘教程》，是实用手绘教程系列其中之一。通过这本书，进一步全面阐述和解析笔者提出的"实用手绘"理论和教学主张。

　　用理论指导实践，以实践结合教学，是新形势下专业教学的客观要求，也是未来专业教学发展的必然结果。让教学理论形成由浅入深的阶梯式格局。运用自己的所学、所得，结合多年的基础理论研究成果，宣扬专业的教学理论和方法，打造科学系统、完整适用的"实用手绘"教材，这些便是编写《产品设计实用手绘教程》的初衷。

　　现在的高校和各类职业培训学校几乎都开办有设计类专业，如雨后春笋，势不可挡，一些高校还出现了很多设计类研究生。由此可见，设计正改变着我们的生活。每当我应邀走进高校设计类专业的讲堂或设计类企业员工培训的课堂，面对讲台下那数百双眼睛，我都会向他们提出这样一个最基本的问题：什么叫设计？或者说设计的定义是什么？然而能给我回应的，除了"风马牛不相及"的答案之外，得到更多的是一片静寂，静得让我悲哀和害怕！设计师不知道什么是"设计"？也许，他们是在反思；也许，就是我在他们的眼睛里读到的那份"无奈"与"空白"。这是我们专业教材里首先要解决的一个至关重要的问题。专业教材不专业，将后患无穷。用理论指导实践，用正确的理论和方法来教育、引导、培养和造就未来庞大的具有真才实学的设计师队伍，这同样是本书以及作者的责任和义务。

需要进一步申明的是，这本书不是"画册"，是一本奉献给产品设计专业的学子们和设计师朋友们的专业性基础教材。是一本蕴涵专业讲师半生心血与研究成果写给设计师或准设计师们的书，是一本拥有完全知识产权和专利教学方法的教科书。这本书的理论和方法，是不是适合每一位从事产品设计手绘的朋友的学习和工作需求，也自然会有一个公正的答案。

和笔者前几本设计类"实用手绘"的书一样，这仍然是本填补产品设计手绘基础理论教学空白的书。希望每一位读过此书、与产品设计界相关的朋友有所收获、有所思索、明辨是非、有所进步、有所交流，以正确的理论来指导我们未来的实践，让产品设计手绘这门基础学科健康地发展。这才是笔者编著《产品设计实用手绘教程》一书的真正用意！

本书的编著，得到了中国（深圳）中鹏职业培训中心和黄山手绘工厂聂一平、严专军老师以及部分同学的支持，在此深表谢意。

还是那句话：实践是检验真理的惟一标准。

但愿本书成为我们之间认识与沟通的桥梁。

你们永远的朋友——裴爱群
2009年11月于深圳下梅林

目 录

第一章
产品设计手绘概述

什么是设计？

源于拉丁文的设计一词，其内涵为设想、计划；

法语中，设计（DESSIN）一词包含了图形、意匠、筹划的概念；

意大利语中，设计（DESIGNO）则有创意与理念的内涵。

设计，作为目前世界上一个通用的专属名词，也具有其特有的定义——设计，是一种既合目的又合规律的创意和统筹。

既合目的又合规律的创意和统筹，不是简单几个名词的排列与组合，更不是一般性的文字游戏。这不单单是狭义上的对"设计"所赋予的概念，也是对宇宙、对社会、对人生、对学习、对工作、对生活等都极具约束和指导性的定义。从这一点来说，"设计"的概念更具有"广义性"。

多年的学术研究以及教学与实践，本人对"设计"赋予了全新的理解："所谓设计，就是在特定条件下运用合理手段来解决特定问题的过程。"限定性的条件绝不容忽视；合理的手段可以千差万别；解决问题才是目的。

同样，"手绘"也是一个广义的概念：是指一切依赖手工完成的绘制作品的创作过程。这不是单纯的"绘画"概念所能替代的。

任何一门学科，都有着与其他学科交叉、互通、互融的共性，也有着相对独立的不可替代的各自特性。所谓产品设计手绘就是一种特指：是指产品设计师为了满足产品设计需要而绘制的一切图纸。

电脑科技的诞生和普遍应用为各个行业带来了翻天覆地的变化，同时也为设计师带来了一个更大的视觉平台。20世纪末，电脑全面介入到设计领域并得到最广泛最彻底的应用，各种为设计开发的专业软件也以极快的更新速度介入进来，这无疑对设计行业起到了极大的促进作用，除了表达"工具"的更新进步之外，更多的是满足了人们的视觉需求，并大大降低了设计师的"门槛"。现在表达一个设计效果既可以用手工绘画也可以用电脑软件来进行。而手工绘画（也就是"手绘"）依然是设计师最传统、最快捷、最方便实用的一种"视觉语言"。也正因如此，设计师的手绘水平直接影响着设计工作的进展和成果，这一点应当是设计师们的共识。

　　传统意义上耗费时间并无法修改的"全面、细致、完整、准确"的手工绘画正被"精炼、简洁、快速、生动"的表现形式所替代。这是科技的进步，是表达工具的进步，但设计手绘的真正用途并没有丝毫的改变，如果说有所改变的话，也是更进一步强化了设计手绘的客观实用性。设计手绘的实用性在于，在最短的时间内，把设计的理念、方案和预想的效果快速地记录下来，使之成为方案推敲、沟通、交流的"视觉语言"，其实质就是设计师表述方案和想法的"说明书"。以"手绘"这一"视觉语言"所展现出来的"说明书"，其前提就是要说得清楚、说得明白，就这一点而言，产品设计手绘与"美术"便具有明显的本质的区别。

一、产品设计手绘的意义

　　产品设计手绘（也称产品设计表现图），是产品设计整体工程图纸中的一种，是通过绘画手段直观而形象地表达设计师的构思意图和最终效果的。它既是用以表达产品设计意图的一种表现形式，也是设计师表达思想的一种媒介，同时也是传达设计师感情以及体现艺术设计构思的一种视觉语言。它具有鲜明的形体结构表现力，因而它也是最为常见且方便有效的表现形式。

二、产品设计手绘的作用

　　产品设计手绘的作用主要是表达设计师的设计思想，并把这种思想通过创作过程真实地展示给观众，使观众通过视觉感受体会设计内涵和设计风格，进而分析研究设计方案的可行性和价值所在。

表达设计师的构思

　　设计的过程首先是拟定出整体的构思，再把这种设计理念通过各个阶段论证和细致规划，最终落实为设计方案。这些最初的粗略构思体现了设计师对设计已具有的思考，初步表达了设计的思想和基本的形象，为下阶段表现设计方案奠定了基础。

体现设计师的表现手段

　　设计师在绘制产品设计方案的各个阶段大都体现出精炼、简捷、快速、生动的表现手段。尽管设计师绘制表现图所使用的方式、艺术手法和材料工具各不相同，展示的风格也多种多样，但这种表现的不统一性恰恰强调了设计师们的个性，也充分体现了设计师的设计表现具有自己的形式表现特征。

表现产品设计的真实效果

　　产品设计手绘的最终目的是要得到决策人的认可，而真实效果正是认可的关键所在。因此，产品设计表现图的这种真实性给人带来的是直观的感受，易于理解，这对于表现过程中表现技巧的选择是十分重要的。

给手板加工和未来生产提供有利的依据

　　在产品的设计过程中，我们完成了设计图纸以后，最想做的一件事便是想知道自己设

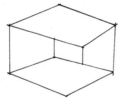

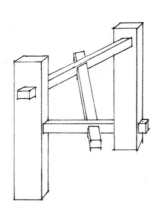

计的东西做成实物什么样，外观和自己的设计思想是否吻合，结构设计是否合理等。手板就是在没有开模具的前提下，根据产品外观图纸或结构图纸先做出的一个或几个，用来检查外观或结构合理性的功能样板。这是节约成本、减少浪费、完善设计的最佳途径，也是未来产品生产制作的有利保障。

(一) 产品设计手绘的草图阶段

设计师在设计的各个阶段都可能画出一些效果草图，这些草图不仅有正面、背面、侧面的造型设计，同时设计师也常常利用具有视觉效果的三维透视草图进行立体的构思和造型，这种直观的形象构思是设计师对方案进行自我推敲的一种语言，也是设计师相互之间交流探讨的一种语言，它利于产品造型的把握和整体设计的进一步深化。

(二) 产品设计手绘的定稿阶段

产品设计效果图到了定稿阶段，要求画面表现的外部结构、造型、色彩、尺度、质感都应准确、精细并且有艺术感染力，使观者信服、感动，为此多采用表现力充分、便于刻画的工具和手段，在表现风格上则更多地强调社会审美的共性。就目前而言，产品设计效果（定稿）图的制作大都选用Rhino（人们习惯称"犀牛"）、Photoshop等电脑设计、渲染、图片后期处理等先进的科技软件来完成，其制做速度、方案修改、材质表现、尺度比例等等都是任何设计师靠手工绘制无法企及的。

三、产品设计手绘的绘制原则

在产品设计手绘中，无论采用哪种表现形式，都应遵循"四项基本原则"，即：真实性、科学性、实用性、艺术性。

(一) 真实性

产品设计手绘必须符合产品设计"整体效果"的视觉真实性。如产品体量与比例、尺度等，在立体造型、材料质感、外观色彩等诸多方面都必须符合设计师所设计的效果和理念。

(矛盾的不可实现的结构关系)

真实性是产品设计效果图的生命线，绝不能随心所欲地改变各项功能尺寸的限定；或者完全背离客观的设计内容而主观片面地追求画面的某种"艺术趣味"；或者错误地理解设计意图，表现出的气氛效果与原设计相去甚远。

产品设计表现图与其它图纸相比更具有说明性，而这种说明性就寓于其真实性之中。决策者大都是从表现图上领略设计构思和产品完成后的最终效果的。

（二）科学性

为了保证产品设计效果图的真实性，避免绘制过程中出现的随意或曲解，必须按照科学的态度对待画面表现的每一个环节。无论是起稿、作图或者对光影、色彩的处理都必须遵从透视学和色彩学的基本规律与规范。这种近乎程式化的理性处理过程往往是先苦后甜，草率从事的结果是欲速则不达。对此，笔者在数年的绘图实践中深有体会。当然也不能把严谨的科学态度看作一成不变的教条，当你熟练地驾驭了这些科学的规律与法则之后就会完成从"必然王国"到"自由王国"的过渡，就能灵活地而不是死板地、创造性地而不是随意地完成设计最佳效果的表现。

科学性既是一种态度也是一种方法。透视与阴影的概念是科学；光与色的变化规律也是科学；结构形态比例的判定、构图的均衡、色彩的把握、绘图材料与工具的选择和使用等也都无不含有科学性。

产品设计手绘的科学性表现在另一个方面，就是对产品功能、制作工艺、选用材料、技术手段以及方便使用的理解和应用，所设计的任何方案都必须具有可操作性。

（三）实用性

产品设计手绘的根本目的是用以指导设计实践，不是纯绘画，抛开其实用性便会失去产品设计手绘的根基，而产品设计手绘的实用性又是与真实性和科学性密不可分的。设计手绘的实用性本质，就是要具有强烈的说明性作用。

（四）艺术性

产品设计表现图既是一种科学性较强的说明性图纸，也可以成为一件具有较高艺术品味的艺术作品。完美的构图、精炼的线条、简洁的色彩都充分显示了一幅精彩的表现图所具有的艺术魅力。但是，这种艺术魅力必须建立在真实性、科学性、实用性的基础之上，也必须建立在造型艺术严格的基本功训练的基础之上。

绘画方面的素描、色彩训练，构图知识，质感、光感的表现，空间气氛的构造，点、线、面构成规律的运用，视觉图形的感受等方法与技巧必然大大地增强表现图的艺术感染力。在真实的前提下合理地适度提炼、概括与取舍也是必要的。选择最佳的表现角度、最佳的色彩配置本身就是一种在真实基础上的艺术创造，也是设计自身的进一步深化。

一幅表现图艺术性的强弱，取决于作者本人的艺术素养与气质。不同手法、技巧与风格的表现图，充分展示作者的个性，每个设计师都要以自己的灵性、感受和独有的艺术语言去阐释、表现设计的效果，这就使一般性、程式化并有所制约的产品设计手绘图赋予了感人的艺术魅力，才使效果表现图变得那么五彩纷呈、美不胜收。

综上所述，一幅优秀的产品设计表现图都应遵循以上"四项基本原则"。正确认识和理解"四项基本原则"的相互作用与关系，在不同情况下有所侧重地发挥它们的效能，对我们学习、绘制设计手绘图都是至关重要的。

四、产品设计表现图的构成要素

（一）优秀的创意是产品设计表现图的灵魂

设计师无论采用何种技法和手段，无论运用哪种绘画形式，画面所塑造的结构、形态、色彩、光影和环境效果都是围绕设计的立意与构思进行的。无论设计师的徒手草图还是透视表现图都是或多或少为体现"创意"这个根本目的所展开的。优秀的创意是产品设计表现图的灵魂，没有"灵魂"的设计，即使线条再美，色彩再艳丽，也只能是"画皮"。

设计师在绘图的过程中，往往容易对形体透视的艺术和色彩变化津津乐道，而忽略设计原本的立意和构思。这种缺少灵魂的表现图犹如橱窗里的时装模特儿，平淡、冷漠，既不能通过画面传达设计师的感情，也不能激发观者（决策者）的情绪，因而在实际的产品设计实践中，尽管一些设计表现图的形式具有美感，终因内在力量单薄，缺少动人的情趣或"词"不达意而被淘汰。

正确地把握设计的立意与构思，在画面上尽可能地表达出设计的目的、效果，创造出符合设计本意的最佳情趣。为此，设计师必须把提高自身的文化艺术修养，培养创造思维的能力和深刻的理解能力作为重要的培训目的贯穿于学习与实践的始终。

（二）准确的透视是表现图的骨骼

设计构思是通过画面艺术形象来体现的。而形象在画面上的位置、大小、比例、方向的表现是建立在科学的透视规律基础上的。违背透视规律的形体与人的视觉平衡格格不入，画面失真，也就失去了美感的基础。因而，必须掌握透视规律，并应用其法则处理好各种形象，使画面的形体结构准确、真实、严谨、稳定。

除了对透视法则的熟知与运用，设计师还必须学会用结构分析的方法来对待每个形体内在的构成关系和各个形体之间的空间联系，这种联系也是构成画面骨骼的纽带和筋腱。学习结构分析除了科学地运用绘制的方法和技巧之外，主要依赖于结构素描（也称设计素描）的训练，特别要多以正方形体做感觉性的速写练习，以便更加准确、快捷地组合起这副骨骼。

（三）明暗色彩是表现图的血肉

在透视关系准确的骨骼上赋予恰当的明暗与色彩，可完整地体现一个具有灵魂且有血有肉的产品形体。人们就是从这些外表肌肤的色光中感受到形的存在，感受到生命的灵气，一个优秀的设计师必须在色与光的处理上施展所有的技能和手段，以极大的热情去塑造理想中的形态。作为训练的课题，要注重"色彩的构成"基础知识的学习和掌握；注重色彩感觉与心理感受之间的关系；注重各种上色技巧以及绘图材料、工具和笔法的运用。

　　以上三个方面就是构成产品设计表现图的基本要素，如果说第一项是"务虚"，而后两项则是"务实"。用内在的"虚"做指导，着力表现出外在的"实"，然后再以其实实在在的形体、色光去反映表达内在的精神和情感，赋予产品设计表现图以生命。

本章提示（思考题）：

　　1.产品设计手绘的"八字方针"是什么?产品设计手绘与"美术"绘画的本质区别是什么？

　　2.产品设计手绘图的作用、意义、绘制原则、构成要素分别是什么？

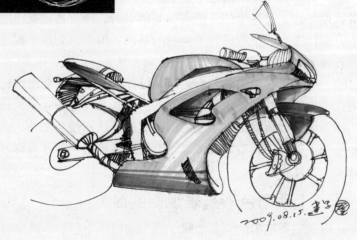

第二章
产品设计手绘基础

一、线条的练习

线条是一切设计手绘所使用的最基本要素。

线条的质量直接影响着设计效果图的质量。

如何将线条熟练掌握、灵活运用、巧妙发挥，是产品设计师的基本功。对线条赋予"质"的属性，通过运笔动作变化，如：顺逆、转折、疾徐、顿挫、颤动、粗细、连断、方圆、虚实、光毛等，表现对象的力感和美感。

我们可以用不同的笔、不同的力度、不同的角度来体验不同的线条效果。同时，我们在训练的过程中还要悉心体会不同的笔在不同的纸张上所表达出来的不同变化。

大量训练线条的目的，就是为了使我们在未来的设计工作中对线条的曲直、方向、长短、起收等具有良好的驾驭能力。

(1)紧线（平稳快画）

(2)缓线（运笔上下颤动，缓慢而画）

(3)笔压大的缓线

(4)之字行线（运笔做前后之字行颤动）

(5)颤线（笔尖做不规则颤动）

(6)粗动线（笔压时强时弱，运笔时快时慢）

(7)错叠的线（短线左右移动成长线）

(8)回行线（运笔连贯打图）

(9)断线（断续的点和短线组成，虚虚实实）

(10)平稳加压的线

(11)自由运笔的线

(12)顿挫变化大的线

(13)笔头接触纸面大的线

(14)自由运笔的粗线

(15)上下颤动的线

(16)随意的粗线

用不同的笔可以画出满足不同需要的线条

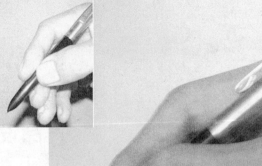

正确的握笔姿势是练好线条的保障。

线条的流畅、准确、轻重、急缓等都是建立在正确的握笔姿势之上的。

所谓"字如其人"。线要潇洒，握笔姿态也要优美。

责任编辑 朱利安 吴莉　版式设计 黎莹　校对 胡颖　2009年11月6日 星期五

横线与竖线的练习

利用钢笔在废旧的报刊、杂志上练习线条，既经济又环保。可以先画短些，再画长些。也就是利用报刊的分栏文字间隙，从一栏画到多栏。

横线画累了，把报刊旋转一下，继续竖线的练习。

起笔和停笔要干净利落，笔停住后再离开纸面，绝对不可以让线条失控产生"鼠尾"的效果。

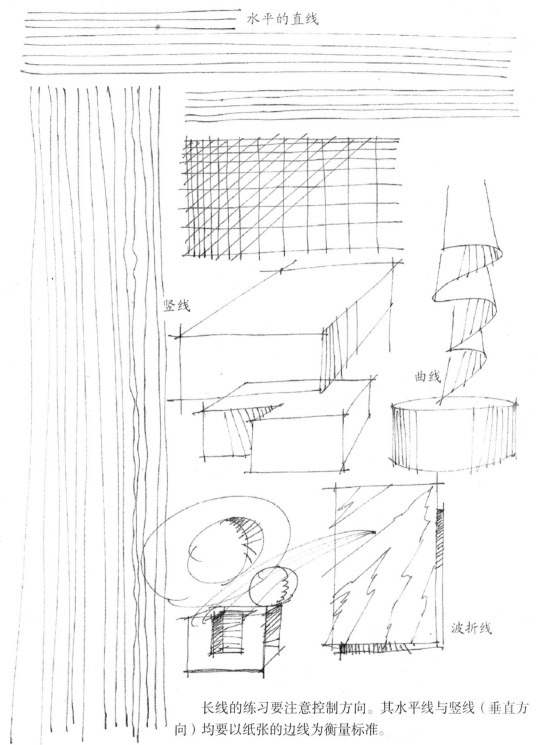

长线的练习要注意控制方向。其水平线与竖线（垂直方向）均要以纸张的边线为衡量标准。

为了准确把握线条的方向质量，练习中可先用钢笔确定起、止两点然后连线，笔在起点上，眼睛盯住停止的点迅速连线。眼睛千万不要跟着笔尖移动。

许多设计师画出的线条起收笔处会出现一些萦丝，那是无意中带出来的，初学者千万不要刻意追求模仿。

　　排线主要是在形体块面中制造明暗层次，通过排线的多样变化以表现物体的立体感。因此，要研究排线的韵律和节奏：诸如疏密、粗细、交叉、重叠和方向等变化所产生的画面美感。

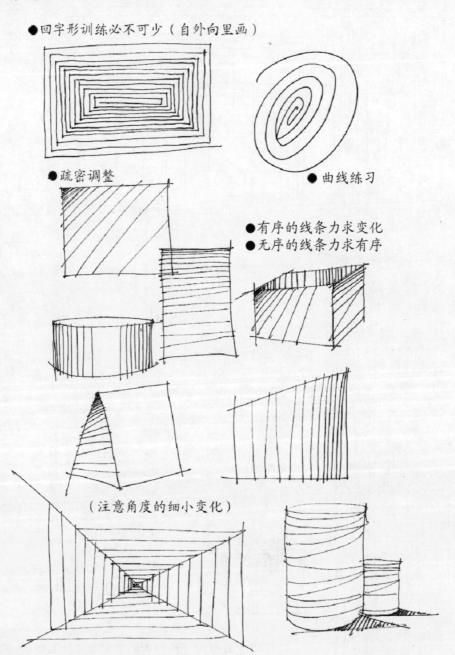

●回字形训练必不可少（自外向里画）

●疏密调整　　　　　　　　　　　　　　　●曲线练习

●有序的线条力求变化
●无序的线条力求有序

（注意角度的细小变化）

　　由于工具材料的限制，钢笔不能像铅笔画、木炭画那样可以自由地层层添加、反复修改来再现物体细微的明暗变化。要把眼中画面丰富的明暗转为运用钢笔排线来表现，惟有进行艺术处理，概括相邻近的层次，画出与自然调子相近的对比关系。也就是说，减少（甚至忽略不计）相邻面及周围面的明度层次，从而充分体现清晰峻锐、质朴明净、黑白分明、简洁概括的画面特点。

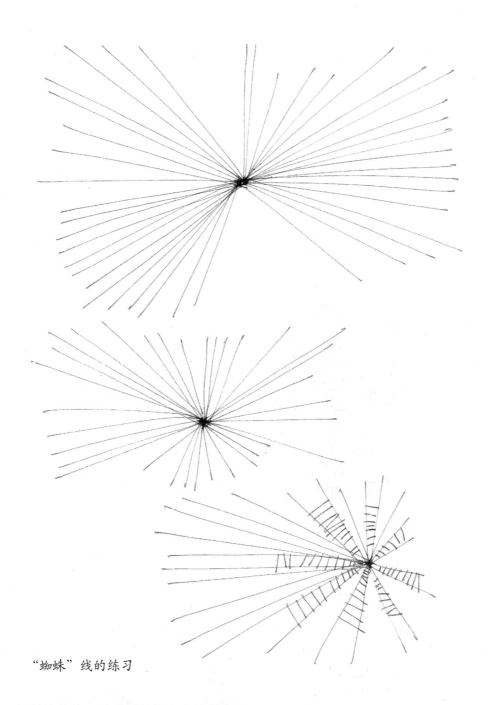

"蜘蛛"线的练习

倾斜线的练习最重要的是注意控制方向。

在纸的中央先确定一个心点，心点左侧和上部的线直接连到心点位置；心点右侧和下部的线需先确定停止的点，然后连线。行笔的顺序和写字一样，自左而右，自上而下，不可逆行笔。

钢笔徒手画线允许有误差存在。其优秀的线控制在3‰误差范围内，合格的线条允许误差在5‰至8‰范围内，即1米长的线条允许有3到5毫米的误差。

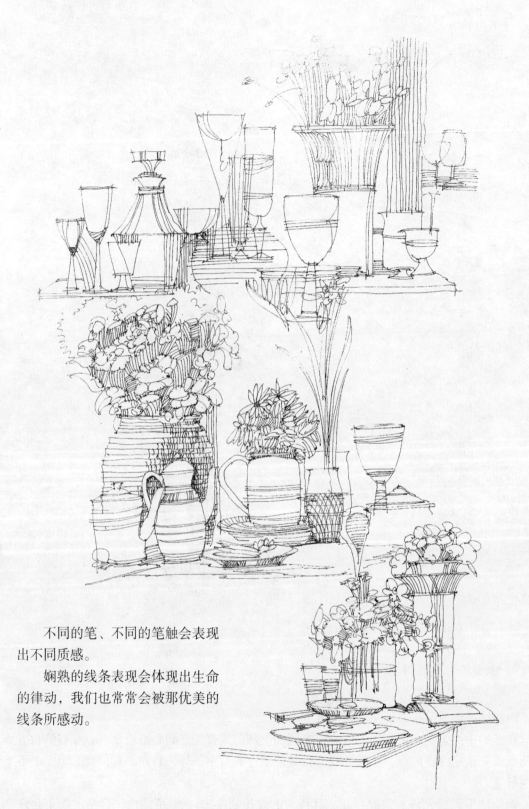

　　不同的笔、不同的笔触会表现
出不同质感。
　　娴熟的线条表现会体现出生命
的律动，我们也常常会被那优美的
线条所感动。

（裴爱群　钢笔临摹示范）

（裴爱群 钢笔教学示范）

二、结构素描

　　结构素描（也称设计素描），是一切设计工作的基础，对培养学生的观察分析能力、空间形态变化的想像能力，以及徒手准确表达形体的刻画能力都是十分有利的。

　　结构素描写生要求画者在观察形体时忽略光影与色彩，从外形轮廓入手（仅仅是构图框架的需要），寻找影响外形变化的所有点，寻找与外形的体、面有关的结构线，以这些点、线为基准，按照透视变形规律，从内到外、从基面到空间、从模糊到清晰，校正原来的外部轮廓，在反复的观察、比较与分析中，逐步确立三维空间中的立体形态。

　　这类练习最好是从石膏几何体或较透明的简单的玻璃制品入手。

　　由于结构素描的教材在市场上已经很多，本书不做更多的赘述。

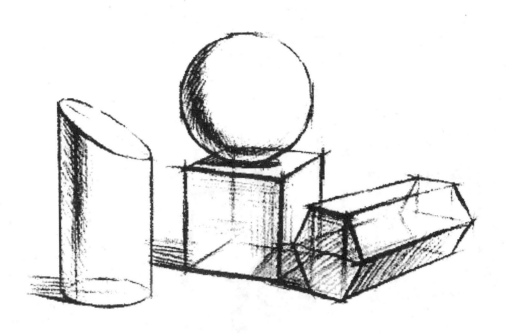

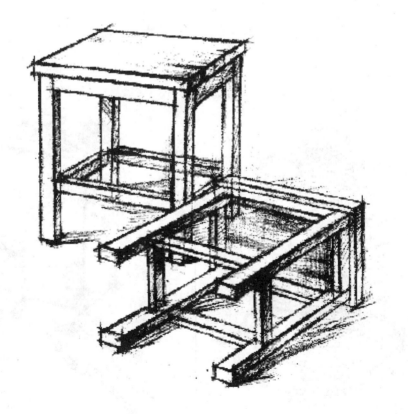

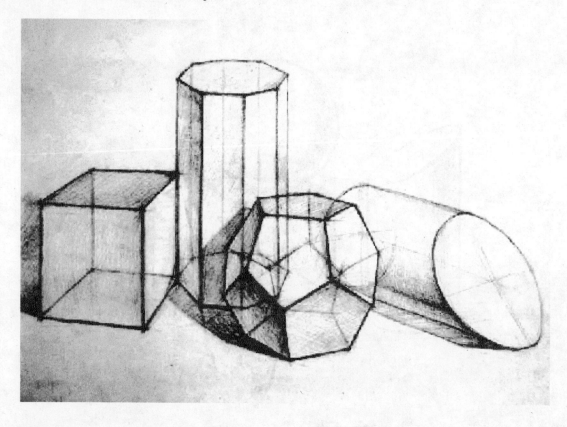

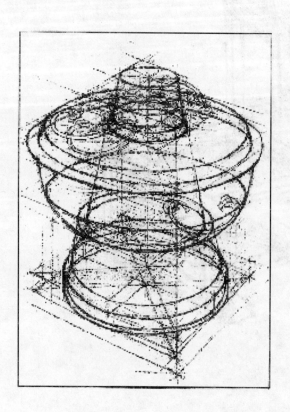

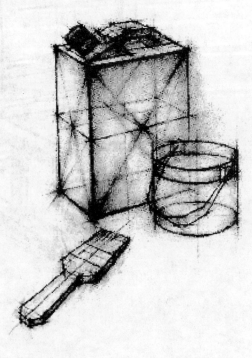

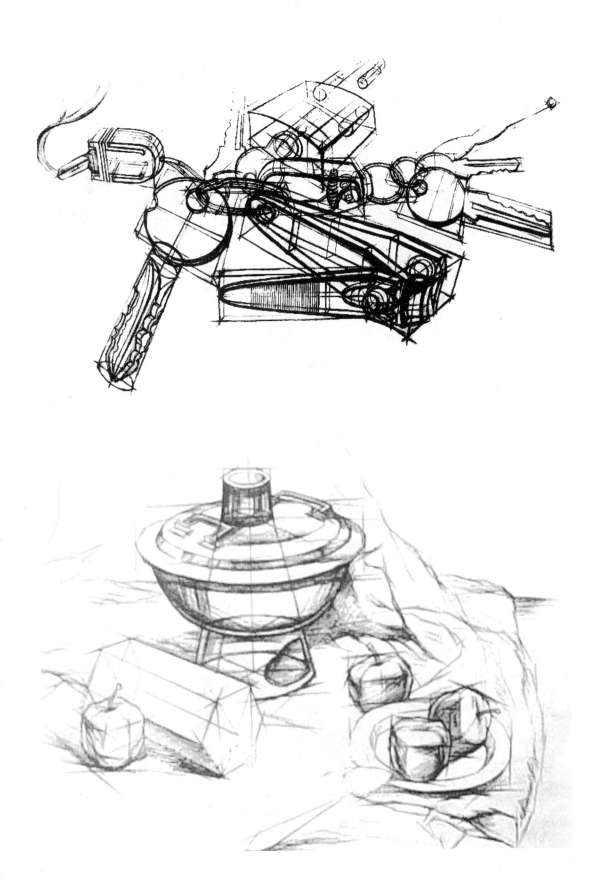

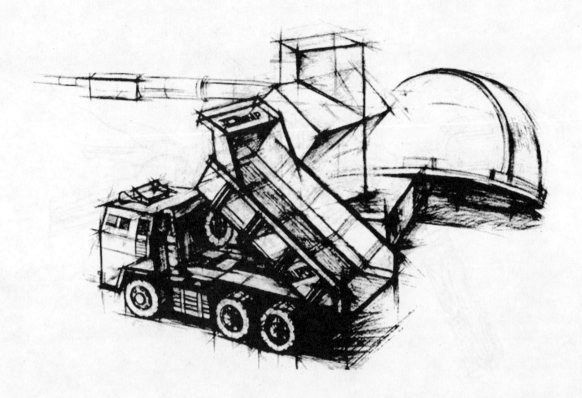

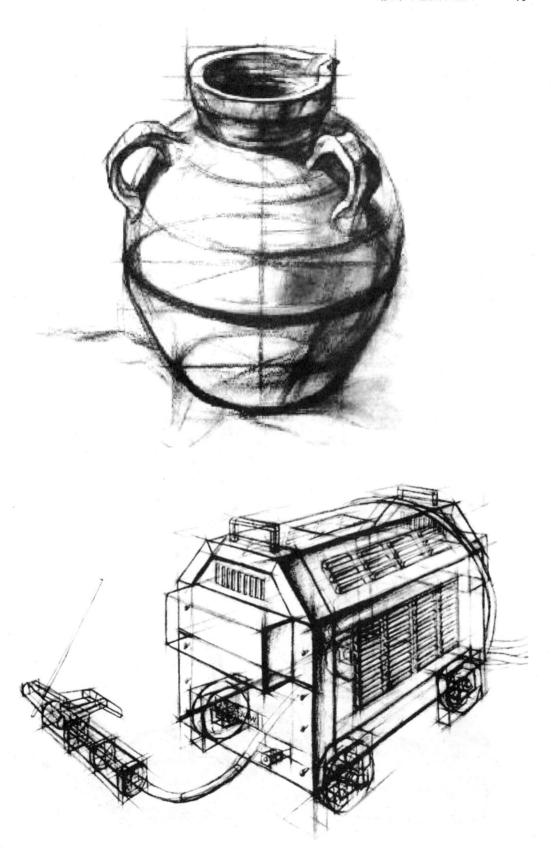

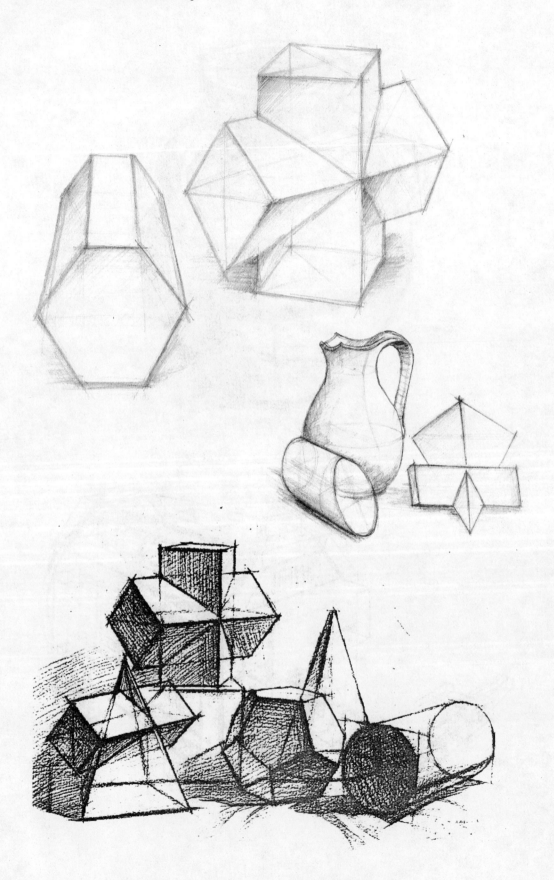

充分熟悉几何体的透视关系，为后面的各种钢笔徒手表现打好基础

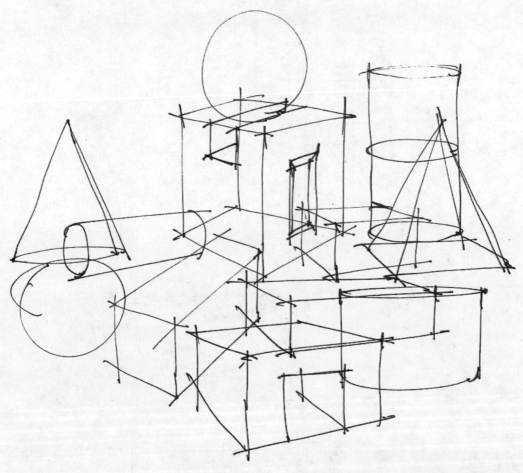

三、写生训练

线条的完美表现，可以在写生的训练中得到进一步提高。

产品设计师的写生训练与美术上的风景、人物写生有很大不同，其侧重点在物体结构的表现。在复杂的自然环境中提炼并升华物体在画面中产生的美感，充分挖掘和调动设计师的思想、情感，在画面上赋予物体以新的生命。

需要明确的是：设计写生与钢笔表现是不同的，需要我们认真地用心体会。不同的工具，不同的用笔方式都会出现不同的表现效果。

对于初学者来说，可以先通过对产品照片的大量临摹来提高造型能力，再通过实物写生进一步提升对物体的表达能力。

（裴爱群　铅笔示范）

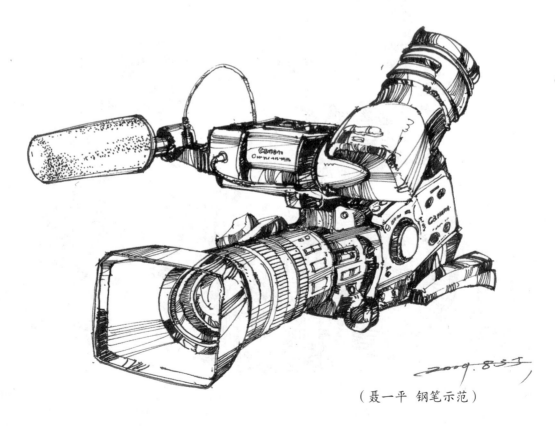

（聂一平　钢笔示范）

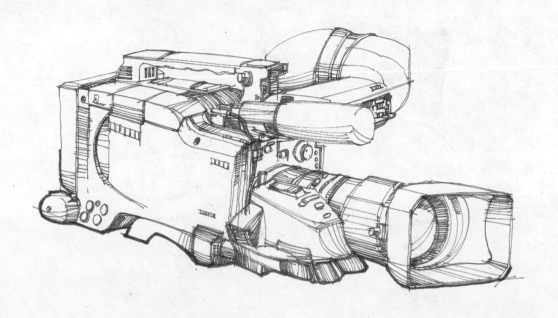

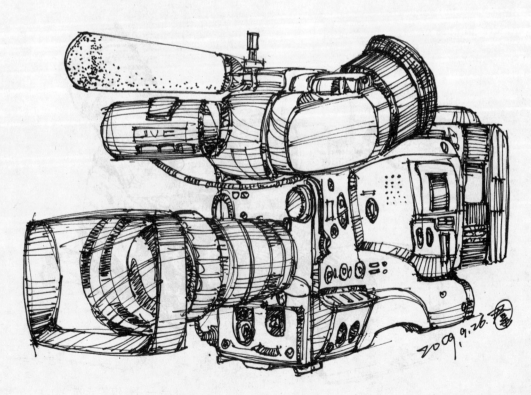

（裴爱群　钢笔示范）

不同笔的不同效果比较：

（裴爱群　钢笔示范）

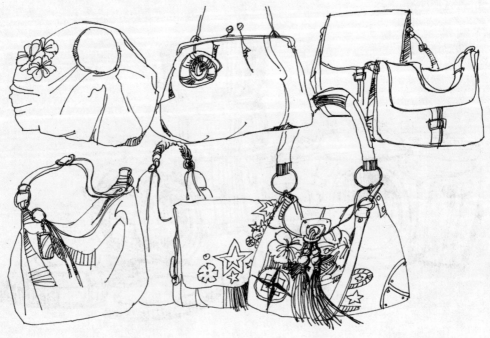

（裴爱群　钢笔示范）

（裴爱群·钢笔课堂临摹示范）

（余沁　钢笔习作）

四、需要准备的工具

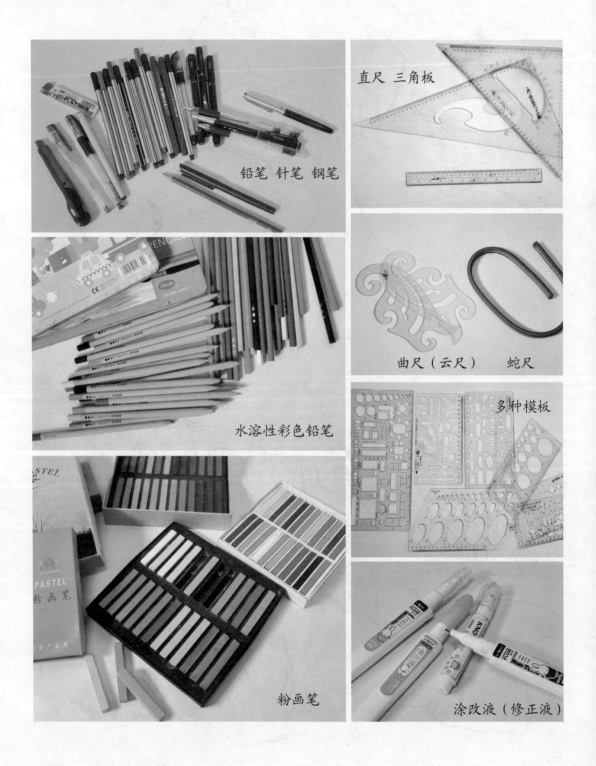

铅笔　针笔　钢笔

直尺　三角板

水溶性彩色铅笔

曲尺（云尺）　　蛇尺

多种模板

粉画笔

涂改液（修正液）

油性、水性等各种类马克笔(MARKER也称麦克笔)

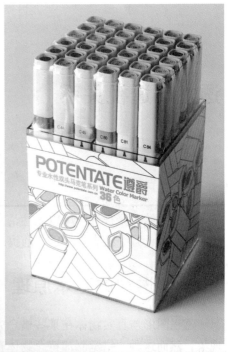

第三章
透视与透视关系

设计手绘，是设计师用以表达情感以及沟通与交流的"视觉语言"。对透视关系的准确把握是设计师手绘表现的重要前提。

一、透视的基本原理

透视图形与真实物体在某些概念方面是不一致的，所谓"近大远小"是一种"错觉"现象，然而这种"错觉"却符合物体在人们眼球的水晶体上呈现的图象，因而，它是一种"真实"的感觉。为了研究这个现象的科学性及其原理，人们总结出了"画法几何学"和"光影透视学"。

透视学是与立体画法相配套的科学知识——帮助我们以在空间中所看到的样子去描绘周围物体的科学法则。它不仅能在平面的纸上创造出无限深远的三度空间，而且能使我们的设计创作变得正确和容易。

请发挥一下想像力，在我们眼睛的高度上有一个无边的水平面，它把整个可见的空间分为从上看和从下看。这条水平面所形成的直线叫透视法视平线，又称地平线。人站的地势高，视平线也高，地面上的景物看得多些；人站的地势低，视平线也低，地面上的景物就看得少些，近处的树木、建筑物显得高耸些。

在透视中，包含两个重要的法则：

第一个重要法则是：近大远小。

近大远小，包括两个内涵。一是等大物体近大远小的体量变化；二是等距物体近大远小的画面"距离"变化。

第二个重要法则是消失点法则。

有透视，必然存在消失点（或叫灭点）。即自然中的平行线，都相交于地平线上的消失点。

我们可以联想在生活中常见的景物：当站在铁路边看平行的铁轨，站在

路边看建筑物、看伸展的道路和电线杆越远越收拢，间距也在变窄，这些自然现象都是依循透视法则的。

换句话说，只要在透视情形下，必然存在消失点（也称灭点），也必然存在近大远小的视觉效果。

所谓"透视"，顾名思义就是在物体与观者之间假设有一个透明的平面，观者对物体各点射出的视线，与此平面相交之点连接所形成的图形即为透视图形。而透视图则是以作画者的眼睛为中心画出的空间物体在画面上的中心投影（而非平行投影）。它具有将三维的空间物体转换到画面上的二维图像的作用。应该指出的是，若想绘制理想的透视图，就必须重视透视图的科学性，应按照透视的基本规律，运用科学的作图方法进行绘制，而不能随心所欲、任意夸张。因为只有这样，才能真实地体现出透视图中建筑形象的形体结构与空间关系。

二、透视的基本概念

为了了解透视的基本原理，初学者在学习透视时必须首先熟悉有关透视学中的常用术语与含义：

- 立点（SP）：观察者所处的位置（也称足点）；
- 视点（EP）：观察者眼睛的位置（一般在立点SP上部的某一点）；
- 视高（EL）：观察者的眼睛距基面的高度，也是视点EP与立点SP之间的距离；
- 视平线（HL）：观察物体时眼睛的高度线，又称眼睛在画面高度的水平线；
- 画面（PP）：位于观察者与物体间的假设的（透明）平面，或称垂直投影面；
- 基面（GP）：承受物体的平面（最基本的参照面）；
- 基线（GL）：画面与基面的交接线；
- 心点（CV）：视点在画面上的投影点；
- 灭点（VP）：与基面平行、但不与基线平行的若干条线在无穷远处汇集的点即为灭点；
- 视距（D）：视点到画面的垂直距离；
- 视线（SL）：视点和物体上任意点的连线；
- 视中线：经视点与视平线的垂直方向连线。

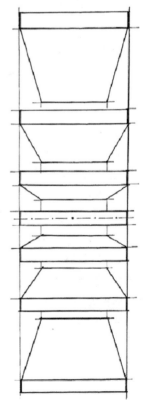

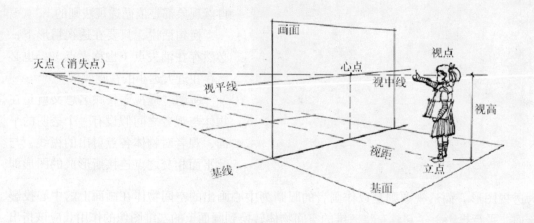

（一）画面

透视学中为了解决把一切立体的形象都容纳在一个平面上，就在人眼与物体之间假定有一个透明的平面叫"画面"。它必须垂直于基面，必须与画者视中线即注视方向的视线垂直，与画者的脸平行。

画面虽然看不见摸不着，但非常重要，透视学中所要解决的一切问题都是先在这个画面上进行研究的。

如右图，是画者在 3 根等距离电线杆的前面，他与电线杆之间有一个透明的"画面"。电线杆的1、2、3点和4、5、6点向画者眼中投射过来，当它们通过"画面"时留下了1′、2′、3′、4′、5′、6′，这时我们看到"画面"上的三根电杆已经产生了近长远短的透视变化，这就是写生时从实物到"画面"、从"画面"到人眼再描在纸上的关系。

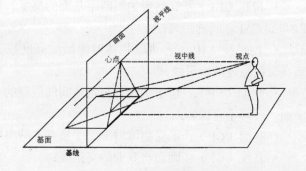

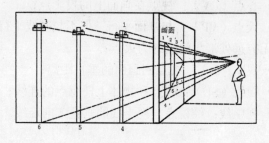

（二）基面、基线

　　基面即放置物体的平面，在室内设计手绘中，也可以理解为所处空间的参照平面。需要特别指出的是：它既不是地面，也未必是水平的。比如我们需要设计的空间在五楼，那么我们通常就会以五楼的地面为设定的基面，可见它与真正的"地面"不是一码事。在大多数情况下，我们所设定的基面为水平的，但俯视和仰视状态下，其基面就不会为水平状态，对这一点一定要明确、认识、理解。

　　画面与基面的交线叫基线。

（三）视圈（视域）

　　人眼位置固定时所见外界景物的范围。头部不转动，眼光向前看，与画者的眼（即视点）成60度角（人的最大视角范围，这是人的生理机能决定的，也是诸多设计师忽略和容易出现错误的问题）的视线所形成的圆锥（视锥），视锥与透明"画面"相接的底面圆形叫做"视域"。视域的内与外所形成的界线就叫做"视圈"。

　　圆圈内是60度视域以内的方形，圆圈以外是超出视域以外的方形。由此可见，反映视域之外的一切图形都是失真的图象。

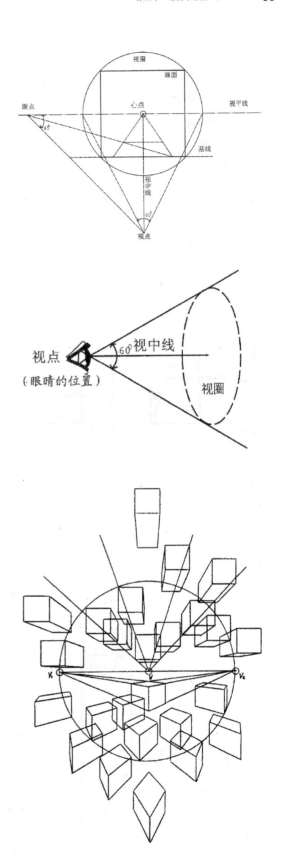

（四）视点与视距

视点就是画者眼睛的位置。视距是画面与视点之间的距离。

画透视图必须把空间或物体放置在60度视角的视圈之内，才能画出合于透视关系的感觉，超出视圈以外就变成不合理的畸形状态了。

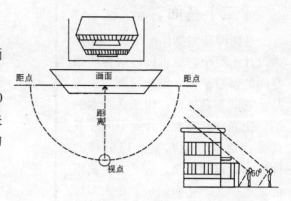

（五）视平线

视平线就是视平面与画面的相交线。也可以理解成心点（有些人称为主点）向左右延伸的水平线。画面上只能有一根视平线。

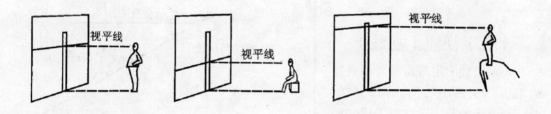

1.视点的位置与透视有很大关系。视点越高地面的视野越广，反之天空或高大建筑的上部就进画面多。视点的高低不同，画面上的视平线高低也不同。

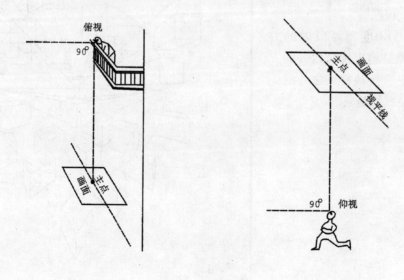

2.当我们从高处向下看（俯视）或从低处往高处看（仰视），其视平线与视点的高度不会在同一水平状态（此时，与视中线平行的基面的角度也随之变化）。

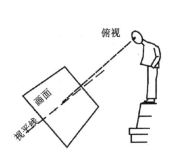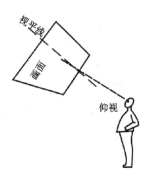

三、 透视的基本规律

· 等高物体距离人的视点愈近，愈感觉疏，反之愈密；

· 等距的物体距离人的视点愈近，感觉愈大，反之愈小；

· 等体量的物体距离人的视点愈近，感觉愈大，反之愈小；

· 物体有规律地摆放后，物体上的平行直线与视点会产生夹角，并消失于一点；

· 消失点愈低，物体感觉愈高大，反之则愈矮小。

四、透视的种类

透视是透视学对透视现象的统称。而在实际运用中，从其观察的形式上大体可以分为两大类：一是空气透视（色彩透视），二是形体透视。

（一）空气透视

当我们站在高处远眺时，就会发现近处的物体色彩鲜艳，形象清楚可见，而远处的物体轮廓模糊，色彩灰暗，并且好象被笼罩在一层蓝灰色之中，这就是日常生活中所见到的空气透视现象。

空气透视又称色彩透视，它是客观存在的一种空间现象。它是光线通过大气层时，由于空气中的气体、尘埃等微小颗粒的作用，使色光发生散射造成的。空气透视的现象会随着空间距离的加大而更加明显。在装饰设计表现图中画出空气透视的现象，就能感觉到空间中物体之间的远近距离。

空气透视会造成物体形、色等方面的变化，其变化规律如下：

1.近处的物体色彩纯度高，远处的物体色彩纯度低。

2.近处的物体色彩对比强，远处的物体色彩对比弱。

3.近处的物体色相偏暖，远处的物体色相偏冷。

4.近处的物体轮廓清楚，细部明显可见；远处的物体轮廓模糊，细部不明显；更远处细部消失。

5.近处的物体明暗对比强，远处的物体明暗对比弱。

6.深色物体在远处颜色不深，淡色物体在远处颜色不淡。

以上几点是物体在空气透视中的形、色发生变化的规律，我们在设计表现图中，不能光凭感觉作画，而必须深入探讨和研究，根据空间距离、空间的形态、空间中物体的位置，有目的、有意识地把近处的物体画的明暗对比强一点，色彩纯度高一点，色相暖一点，细部画的细一点；而远处的物体，根据其在空间位置的远近，降低色彩和明暗的对比，形成远近物体的强弱对比，从而表现出空间透视的现象，形成画面上的空间感。

（二）形体的透视

形体透视又称为线的透视，是研究物体由于其外形及位置的不同，画面表现上发生变化的透视技法。本书所涉及的透视内容，主要是研究物体的形体透视。

产品一般多为三度空间的立方体，由于我们看它时的角度不同，在设计手绘的表现中通常会出现三种不同的透视情况，现分别列举如下：

1. 一点透视

一点透视也称之为"一点平行透视"或"平行透视"，它是一种最基本的透视作图方法。即当物体的一个主要立面平行于画面，而其他面垂直于画面，并只有一个消失点的透视现象就是平行透视。

由于只有一个灭点画起来方便、快捷，便于使用丁字尺与三角板等工具来作图，但在一些产品的表现中，仅用一点透视的方法不足以完整地表达产品的各种复杂的结构关系，为了满足视觉需要，大多用二点透视来解决绘制问题。

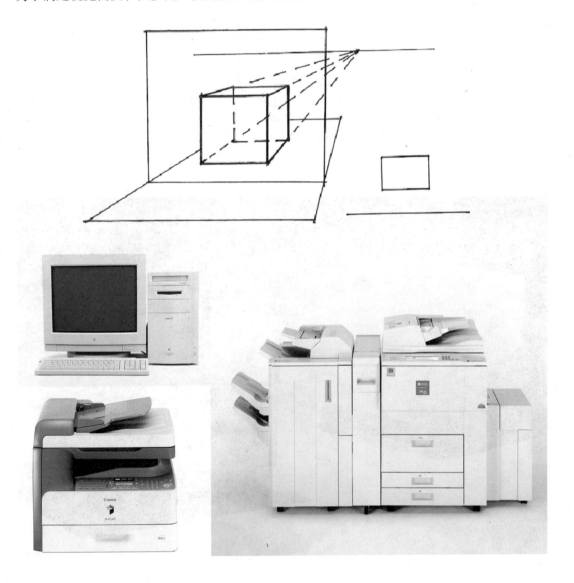

2. 二点透视

二点透视也称之为"成角透视"。

当物体的主体与画面成一定角度时，各个面的各条平行线向两个方向消失在视平线上，且产生出两个消失点的透视现象就是成角透视。这种透视表现的立体感强，是一种非常实用的方法。通过它可以同时看到物体的正面与侧面两个面的情形，因此在多种情况下，多选用二点透视来表现。通常二点透视的画面效果都比较自由活泼，所反映出的物体接近人的真实感觉，其缺点是角度选择不好容易产生变形。正是由于二点透视具有上述一些特点，在产品外观的设计表现中，这种透视应用最多，因此也是一种具有较强表现力的透视形式。

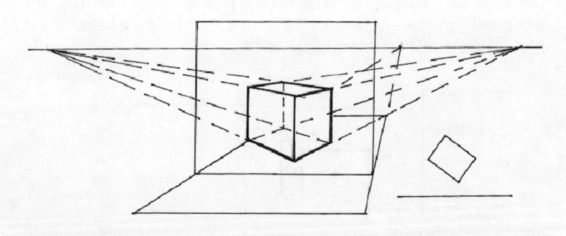

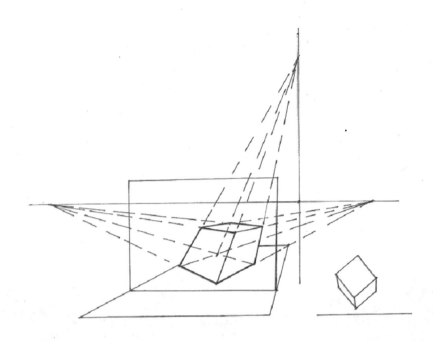

3. 三点透视

三点透视也称之为"斜角透视"。即当表现对象倾斜于画面，又没有任何一条边平行于画面，其三条棱线均与画面成一定角度，且分别消失于三个消失点上的透视现象就是斜角透视。

这种透视方法由于具有强烈的透视感，因此特别适合表现体量大或具有强烈透视感的物体。

（三）多点透视

多点透视，也称为散点透视。这是东方画家经常使用的一种绘画方式。

因为其违背了真正的空间透视视觉规律，所以这样的透视关系只能应用于绘画表现上，而不能应用于设计表现图中，这一点应该引起广大设计师的注意。

（北宋张择端　《清明上河图》局部）

本章思考：

1.一点透视、二点透视、三点透视有什么异同点？

2.基面与地面有何本质区别？基面一定是水平的吗？

3.中国北宋张择端所绘著名画作《清明上河图》，表现了众多的人物、桥梁、亭台楼阁、树木，每一处刻画都栩栩如生，那么，这幅画的视点在哪里？它与产品设计表现图有什么本质的区别？

第四章
一 点 透 视

一点透视的应用范围较为普遍，因为只有一个消失点，相对容易把握，很适合表现庄重对称的主体设计。

一点透视，其最大的特点是视点、心点与灭点重合，因说明性较强、便于借助工具作图，因而相对简便、快捷、实用。

一、一点透视的作图原理

在具体作图中，相对一个几何体而言，要以平面与立面图为参考。如图先设定PP、GL的关系，并选定SP（立点）的位置，然后设定CV（心点）的位置，把SP与A点的连线与PP的交点垂直投影画下来。同理，由SP与B点、SP与C点连线的交点画垂直线。最后由各点与心点连接透视线，即完成平行透视中基本形态，其他内容则可以此类推。

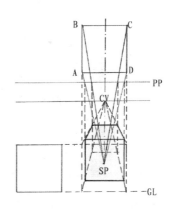

上述的这个"原理"，是我们在极少数教材里可以找到的"画法几何学"的做法，而当我们按这个理论将视点向上移动起来，我们不难得到下面这样一个透视效果（下左图）。

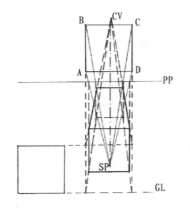

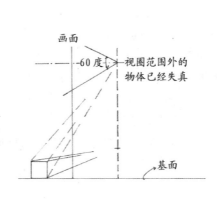

　　从图中不难看出，这个透视出来的几何体已经失真了，为什么会这样？

　　在此提醒大家注意两个问题：一是这个作图原理，只有在视圈范围内才有效。也就是说，要充分考虑到物体的大小与视距的关系，当我们的视点高度超过一定位置，其物体超出我们的可见视圈之外（人的60度视角范围外）也就出现了这样的错误；而视域的范围又与我们所选定的视距相关，当我们选用同一个视高尺寸的时候，调整我们的视距远近，这些问题就可以解决。二是这种透视关系成立的前提必须是物体的结构线为相互垂直的关系。

　　　一点透视的几何体徒手练习

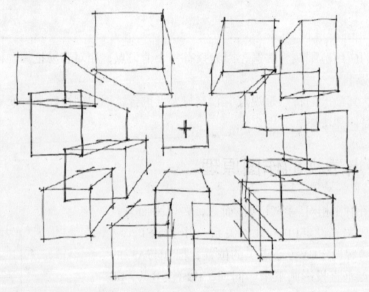

　　在一点平行透视中，一个六面体的物体在透视状态下只能看到一个面或两个面、三个面。根据物体的位置，心点可能在物体之内，也可能在物体的外侧。

二、量线法作图

　　需要明确的是，产品设计手绘的所有作图方法均是通过人为的方法达到结构视觉真实的。任何一种产品的设计都具有特定的体量，也就是说，任何一种产品的外观都具有特定的尺寸大小，即：长、宽、高。

　　所谓"量线"，通常的解释是：一定尺寸（数量）的线段（或线条）。这个概念的解释是不完全的。

　　笔者多年研究结果表明：所谓"量线"的量，除具有数量性（尺寸）概念外，还具有矢量性（方向性）。对一点透视的空间或几何体而言，所有线条可以归类为三种情况：绝对水平、绝对垂直（竖向）、消失于灭点。

　　所谓"量线"，是表示一定尺寸和方向的线段。

　　本方法是依据"一点透视作图原理"，按照产品实际尺寸大小来完成透视制图的一种方法，通过这种方法可以解决初学者对所绘产品尺寸把握不够等诸多问题。

假定：一本书长260mm、宽185mm、厚50mm，画出书的一点透视图。

首先在纸上按照尺寸的长宽比例画出正面投影图，并在投影图的下方画出基线。如下图：

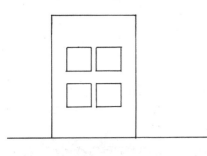

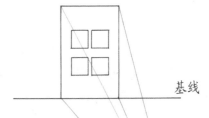

按照需求，确定视点位置，并画出视点与物体正投影图各结构点的连线，由此确定出所画物体的透视关系；

在基线下方适当位置，按比例画出所绘物体的高度，并画出所见面的结构关系；

确定相对于立体图形的视平线，并确定消失点（灭点）；

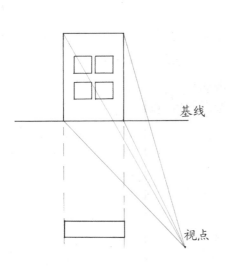

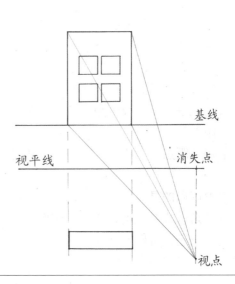

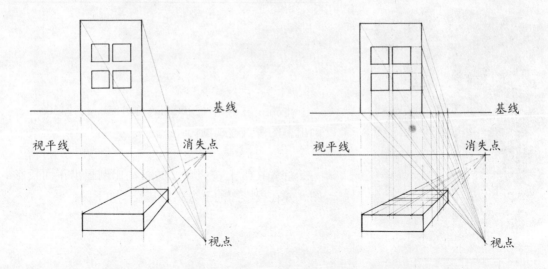

依据消失点和各结构点在基线的透视位置，画出物体的透视关系；

按此方法，画出物体细节位置（如书的封面文字位置等）；

刻画细部，完成透视图。

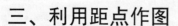

三、利用距点作图

视平线上任意一点都有名字。正因为众多的任意点是无意义的，所以"余点"这个名字也似乎是无意义的。

在全部的"余点"中有一个特殊的点，那就是视中线对应的"心点"（视中线与视平线垂直相交）。除了这个特殊的"心点"之外，还有两个特殊的点，那就是与视中线形成45度的直线与视平线（基线）相交的点，而这样形成的两个点的名称叫"距点"。

利用"距点"，我们可以准确地画出标准的几何体（或正方体）。

需要明确的是：所绘制的物体必须是在视点与两个距点所围合的三角区域内才能绘出正确图形。

这种方法，可以较好地表现外形近似于各种方体或长方体物体。

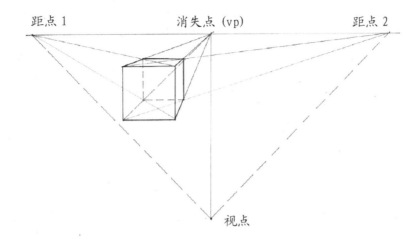

为方便大家学习与比较，仍然以前面已经画过的书为例来做示范。

假定一本书长260mm、宽185mm、厚50mm，画出书的一点透视图。

先建立起一个由视点和距点组成的框架（实际设计绘图中，可以只画出一部分），在此框架内的适当位置按比例画出由书的宽度与厚度所形成的矩形；

画出书的透视线；按照比例延长书上部表示宽度的线到260mm，在此点连接左距点，在透视线上截取出书的进深(即长度)位置点；

根据此点，画出书的透视关系；

画出书的细节（略），完成透视图。

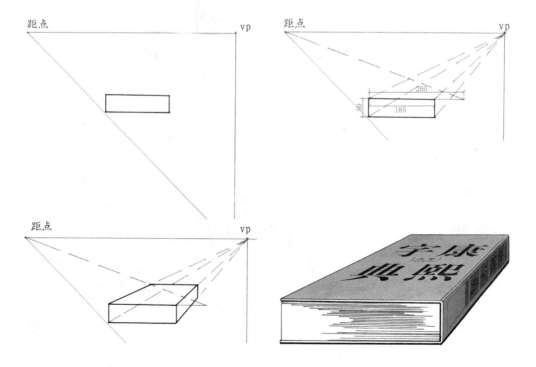

本章练习：

1.用一点透视量线法画出你熟悉的手机；

2.用距点法画出3款以上我们日常生活中的用品，如包装盒、MP4、微波炉等。

3.按照前面示范中"书"的尺寸大小，假定是两本同样的书，并且是相互成十字状叠放在一起的，请画出这两本书的透视图。

4.画出六角螺母的透视图（尺寸自定）。

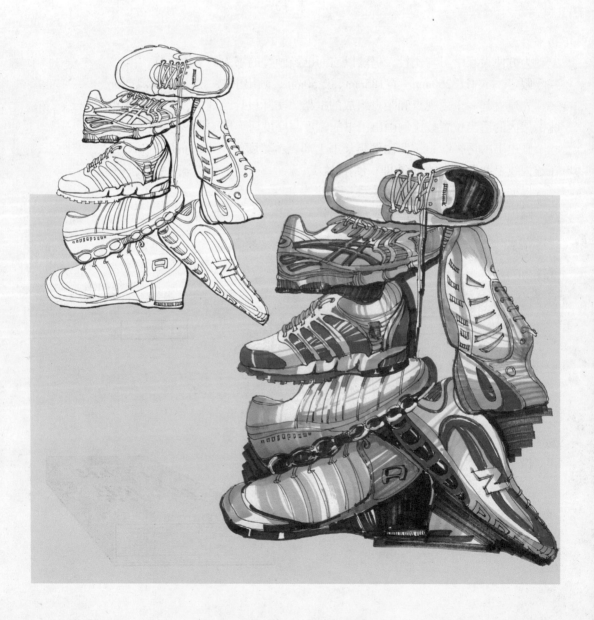

本节所讲的透视面的分割与延续，是产品设计实用手绘表现运用中必不可少的环节和手段，是实际工作运用中最为得心应手的办法，是对已求出的透视图形做进一步的深化和充实。

需要特别指出的是：本节所阐述的内容，无论是简单的或是复杂的方法，都是既适用于一点透视，也同样适合二点透视和三点透视。

其方式方法既可以单一运用，也可以综合运用，以求最快捷地得到最佳的效果。

一、任意线段分割透视面

首先在ABCD图的下方画任意水平线XX′，在视平线HL上任意确立一点E，将E与图形的下边线BC两端点分别连接并延长，交XX′与B′C′，将B′C′按需要等分，得等距离点。然后将各点与E点连接，即可求得透视图形上的等分段。

此方法可以准确地按照所要求的条件，在任意的透视面上做出任意的分割，也可以称为"万能分割法"。

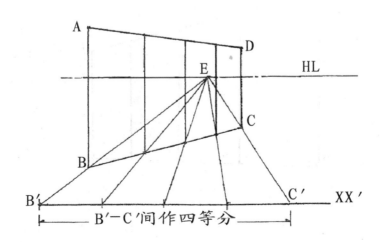

二、垂直线方向等分透视面

首先等分透视图形ABCD的AB边，分别将各等分点与灭点VP相连，再连接对角线AC（或BD），过AB各分点与AC的交点画垂线，即将ABCD透视图形等分。

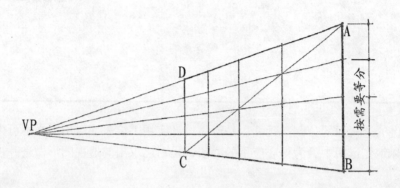

三、利用对角线分割透视面

以四等分透视图形ABCD为例，①画AC对角线；②画DB对角线；③得中心交点X；过X画垂直线EF即得两分割面，然后重复上述办法，分别再次分割ABFE面和EFCD面即可。

此方法在透视面的分割中，仅适用于2、4、8、16、32等序列数界面的分割。

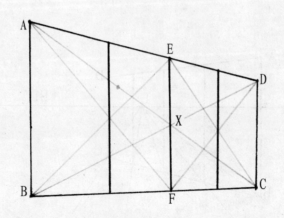

四、特例一：透视面三等分的分割

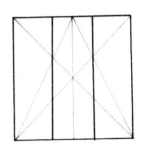 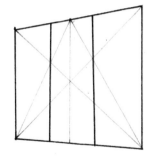

五、特例二：透视面五等分的分割

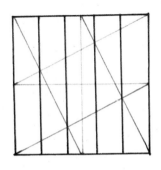 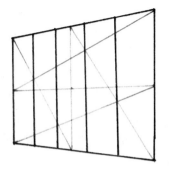

本章练习：

1.如右图所示，在一任意透视面中进行有条件分割。分割的条件和要求：①宽窄相间；②宽面与窄面的比例为3：1；③宽窄相间循环4次；④用4种以上方法完成。

2.按照以上所学的方法，按步骤画出右侧物体结构的透视图。

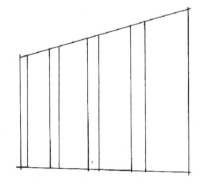

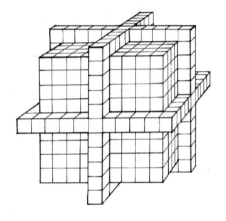

第六章
圆 的 透 视

　　圆是椭圆里的一个特殊的形态，也是设计领域里经常使用的一个最重要的基本图形。只有准确地解析圆的透视关系，才能顺利完成各种设计任务。在透视状态下，借助任何一种工具如圆规、模板等都不能准确地表达出圆的透视状态。圆的透视变形如果按画法几何求圆则较为复杂，以目测判断、随意勾画又常出差错，这就需要首先弄清圆形透视的基本原理，掌握徒手画圆的有关要领，只有在大量的认识、作图、再认识、再作图……的反复实践过程中，才能熟能生巧，画好各种圆形透视。

一、十二点求圆法

　　在任意透视面ＡＤＥＨ上，分别用对角线中分画出十六个小格，即求出1、4、7、10四个点。分别连接A、F和B、E及K、H和E、M，即可求得2、12、11、9四个点。再分别连接J、D和A、L及C、H和G、D，即可求得3、5、6、8四个点。

　　光滑连接十二个点即完成透视圆（或椭圆）。

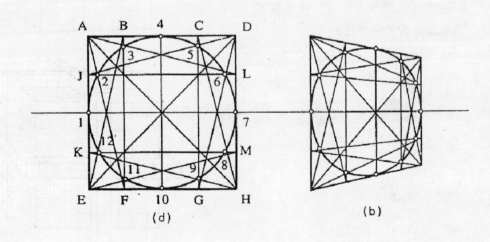

(d)　　　　　　　　　　　(b)

二、八点求圆法之一

在任意透视面上，分别求出四边的中点1、2、3、4四个点。由C点做上边的垂直线交得A点。连接A、B两点，又交线段3、4得O点。

通过O点画一条平行于HL的水平线，交得6、7两点。再由CV分别向6、7两点连接透视延长线，又交得5、8两点，光滑连接八个点即完成透视圆。

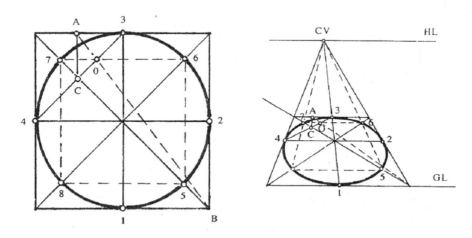

三、八点求圆法之二

先求出外切的透视面，即得到1、2、3、4四个点；以A1之间的长度向下做出小正方形，再画对角线。以1点为圆心、1e为半径画半圆，在GL上交得9、10两点，而后再分别向CV连线，即在对角线上又交得5、6、7、8四个点；用光滑线连接1、2、3、4、5、6、7、8各点，即做出透视圆。

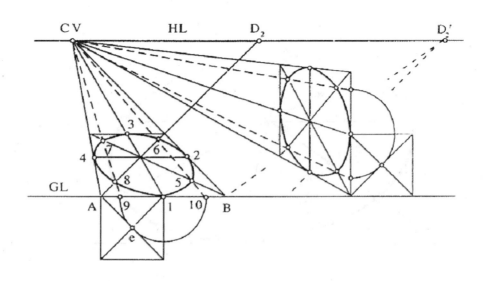

四、八点求圆法之三

首先画出圆外切的透视面的透视，即得到1、2、3、4四个点。连接2、C点延长线交左边得B点，再以B点向A点连线，交对角线得7点；

通过7点做平行于HL的水平线，又交另一对角线上得6点。再由CV分别向这两点引透视延长线，便又交对角线下部分得5点和8点，光滑线连接八个点即完成透视圆。

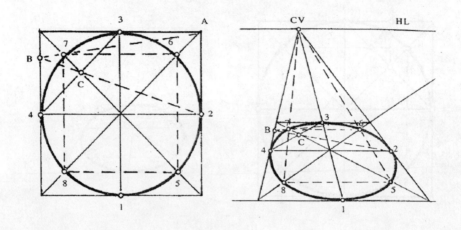

五、实战法

实际工作中，有很多时候需要提高画图速度。在精确度要求不是很高的情况下，设计师大都有自己的方法，作者是用眼睛观察，取2/3点来完成，也称为"三分之二取点法"：

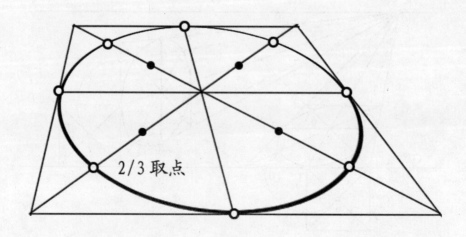

徒手画圆常出的毛病

转角太尖、平面倾斜、前后半圆关系不对、灭点不一致。

转角太尖　　　　　平面倾斜　　　　　前半圆小于后半圆

徒手画圆要领

①凡水平圆，圆面两端连线始终水平；②水平圆左右始终对称；③左右两端转角始终为圆角，绝对不能画成尖角；④前半圆略大于后半圆；⑤离视平线越近圆面越窄，反之越宽；⑥画圆形运笔平稳、顺畅，可分左右两半完成。

圆柱体、圆锥体均由长方体演变而来，它的透视法则与方形相同。其中①表示没有透视的正方形与圆形的关系；②表示①图的透视中近大远小的变化。

圆形物体转动中的透视变化情况。如果我们把一个玻璃杯拿在手中，让眼睛看到杯口和杯底两个正圆形，然后观察这两个圆在转动中的透视变化就能掌握对物体透视的正确分析方法，在绘图时才不会犯错误。

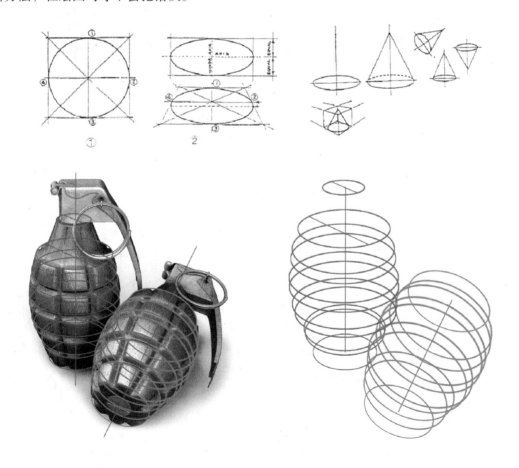

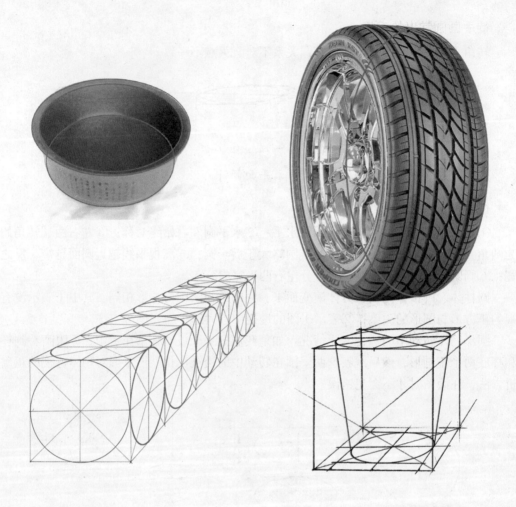

透视圆的徒手练习：

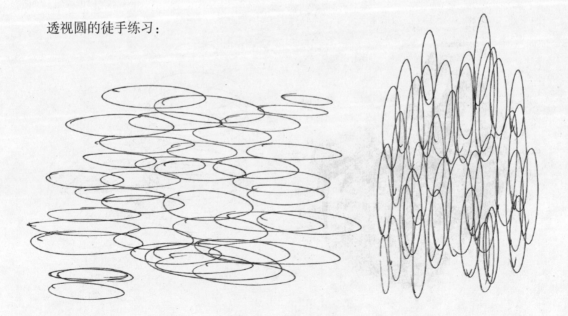

与一点透视相比，二点透视（也称成角透视）能更好地表现产品的结构关系，画面灵活并富于变化，特别适合表现产品的外在美感。

一、二点透视的作图原理

在具体作图中，通常将平面图上ABCD中的A与PP（画面）线相连，由A点向下画PP线的垂线，在适当位置确定几何体的高度EF；任取一点为SP（立点），经SP点分别画AB、AD的平行线，在PP线上交得X与Y两点；于X与Y点向下画PP线的垂线，与HL线的交点分别为VP_1与VP_2（即两个消失点）。ABCD各点与SP的连线在PP线上的交点为b、d等点；经b画垂线，与VP_1-E线相交于G点，与VP_1-F线相交于H点；同理画其他连线，连接各交点，即完成成角透视中的基本形。

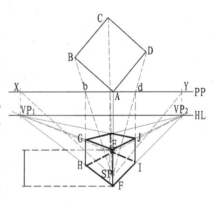

二、二点透视作图法

以右图手机为例，先确定手机的外观尺寸，按比例画出正面的大小；按照上面作图原理方法确定基线和视点位置，画出各视线（视点到物体的各点连线）。

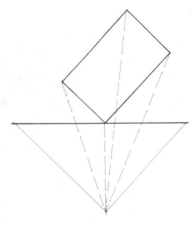

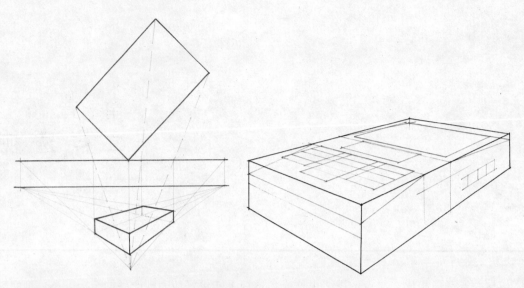

按照作图原理方法，画出手机外形的透视关系；
按照透视面分割方法，画出手机细节位置；

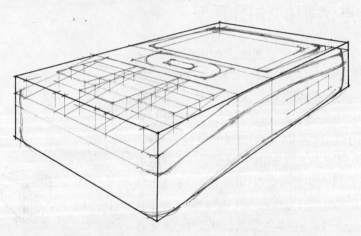

进一步刻画完善细节，完成透视概念图。

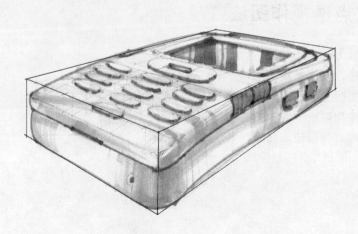

三、成角透视作图中解决灭点在画面外的方法

在设计中，为切实把成角透视做到相对准确，并使画面达到我们所需要的大小，就必须寻找一个途径来解决实际操作中灭点在画面外的问题，这对我们准确地把握产品的透视关系是具有实际意义的。

要得到"成角透视作图法"准确的透视关系，可通过不同的方法，这里介绍的是将"平面几何"的相关内容引入到设计透视作图的办法，不一定是捷径，但科学实用，供大家参考。

方法之一：

已知：视平线HL，房间净高AB，透视线BC。求：经过A点的另一透视线（如图1）。

步骤：

1.在AB的右侧视平线上任选点O，做EO//BC；

2.在AB的左侧视平线上任选点D，连接DA、DB；依次做EF//DB、FG//DA，连接GO；

3.经A点做GO的平行线，即得所求透视线。

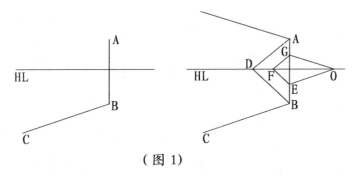

（图 1）

方法之二：

已知：视平线HL，房间净高AB，透视线AC。求：经过B点的另一透视线（如图2）。

步骤：

1.分别经A、B两点做水平线AD、BE；

2.在视平线上任选点O，经O点向AC方向做任意角度线段OG，交AC于G点，交AD于F点；

3.分别经F、G两点做垂线交于BE线上；连接OH并延长，交GI线段于I点；

4.连接BI并延长，即为所求透视线。

（注：AC线与AB成锐角状态时，此方法依然有效，只是点的差别，一试便知。）

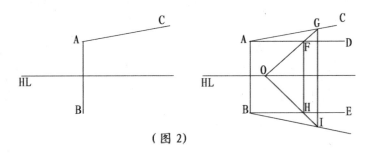

（图 2）

方法之三：

已知：任意透视面ABCD，在线段AC上有任意三点E、F、G；

求：经过E、F、G三点的透视线（如图3）。

步骤：

1.经B点做任意角度线段BH，使BH等于AC，在线段BH上依次截取E、F、G相对应的距离点I、J、K；

2.连接HD，分别经I、J、K三点做HD的平行线，分别交BD线段于L、M、N三点；

3.分别连接EL、FM、GN，即为所求透视线。

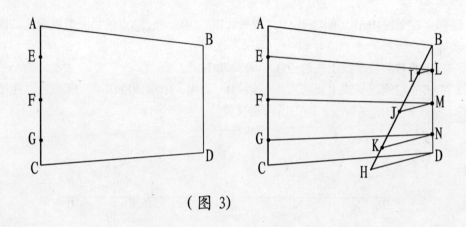

（图 3）

本章练习：

1.结合前面所学的方法，灵活运用。画出二点透视的电脑键盘。

2.运用自己所学的知识，查找资料，设计并画出一款床头多功能灯（功能包括可调整光线亮度的台灯，电话，时钟三合一）。

要求：

（1）设计科学合理，具有可实施性；

（2）样式美观，色彩活跃，适合中青年使用；

（3）画出不同功能使用示意图。

第八章
产品的徒手表现

在设计实践中，产品的表达可以采取多种方式，也可以使用多种工具，如铅笔、钢笔、圆珠笔、彩色铅笔、马克笔等等，只要线条流畅，能在最短的时间内把设计的想法完整地表现出来就可以了。在产品设计手绘的学习中，我们可以通过大量产品照片临写的方法来提高我们的熟练度。

请注意：这里提出的"临写"一词，不是简单或狭义的"临摹"，是要把产品照片赋予"精炼、简洁、快速、生动"的形式语言，其"精炼、简洁、快速、生动"的"八字方针"，也是我们产品设计实用手绘表现的准绳。

现在，让我们一起来体会从一张产品照片到实用手绘的完整表现过程。

示范之一：

让我们随意选取一张产品图片（如图），开始我们的进程：

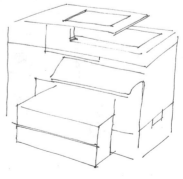

对于透视关系较为明确的产品图片，我们可以先用大的直线勾画出产品的透视关系，同时要注意圆边产品圆角位置要适当留处一定间隙。

在透视框架的基础上，进一步勾画细节位置。

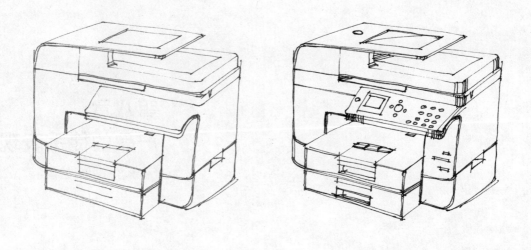

完成产品外观表现，进一步刻画细节；

用排线的方法适当表达明暗关系，增强产品结构的视觉效果。排线要注意各个线条的角度变化和疏密变化，增强趣味性。

进一步调整产品整体结构，完成临写过程。

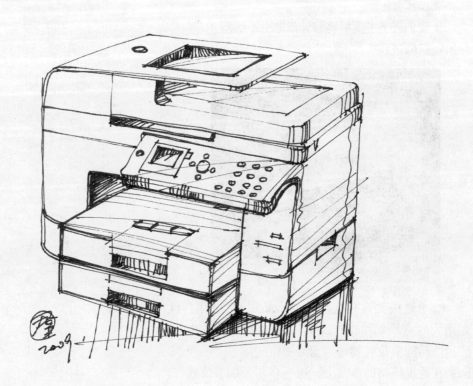

示范之二：

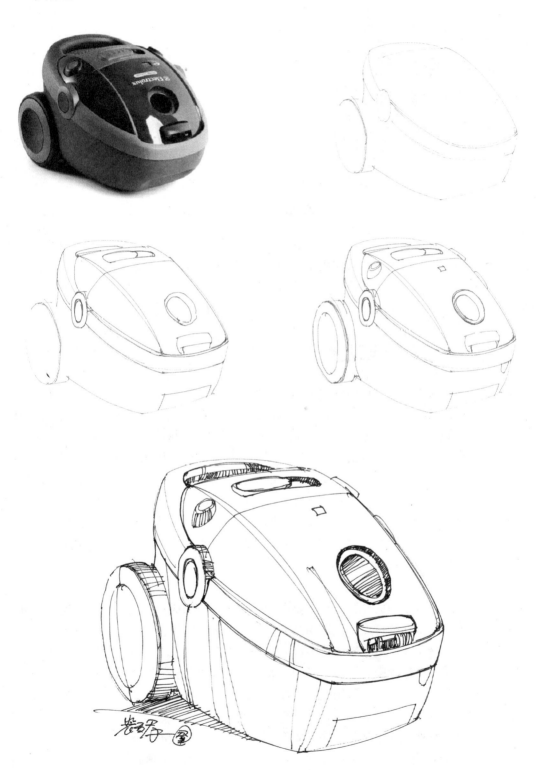

第九章
色 彩 的 表 现

　　包括油画颜料、丙烯颜料、水彩颜料、水粉颜料在内的任何一种美术使用的颜料都可以用来勾画产品设计图。但从实用角度而言，马克笔、彩色铅笔、粉画笔等使用方便快捷的色彩工具则更适合于我们设计手绘的学习与工作，因此本书色彩表现中仅列举了常用的色彩表现。

一、马克笔的表现

　　"马克（MARKER）"英语的原意为"记号、标记"（也译为"麦克"），开始主要是包装工人和伐木工画记号时使用，后来才发展成为今天这样的工具。目前市场上出售的多为日制、美制、韩制与德制的各类马克笔，如日制的"YOKEN"牌，共有116种颜色；另外油性不相溶的马克笔也有诸多系列，且配有多种中间色，从深到浅、从纯到灰，配色齐全。另外，还有一种日制的"ZEBRA"牌的双头马克笔，为12色装，色彩非常浓艳，可配合灰色系列色彩马克笔并用。此外还有金、银及荧光色马克笔等。

　　由于马克笔具有色彩丰富、着色简便、风格豪放与成图迅速的特征，因此深受广大设计师的欢迎，尤其是用于快速表现图的绘制，更具有其他表现技法无可比拟的优势。马克笔有油性和水性之分，两种类型在颜色方面均透明度极高，相互叠加后会产生许多令人想象不到的、丰富而微妙的色彩效果。

　　从马克笔颜色构成的成分看，它主要由甲苯与三甲苯制成，其颜色挥发性较高。也正是由于马克笔具有这样的特点，所以用马克笔绘制表现图特别方便。而且用马克笔作画，其颜色浓重、笔触明显、笔笔轨迹清晰，尤其是在不吸油的纸上作画，能更好地把马克笔的特点显示出来。在作画中，不同色彩的笔触可以相互重叠，有时能盖住前面的颜色，还能通过叠加产生另一种颜色。若用淡色油性马克笔作画还可以"清洗"掉前几种色彩，并且在"重叠""遮盖""清洗"的同时，产生色彩渐变的效果。

　　由于马克笔宽度上的限制及经济上的因素，通常应用马克笔作图的画幅不宜过大。另外因为马克笔的颜色是一种易挥发的油性颜料，所以长时间作画时中间不要间隔停顿太久，画完一种颜色后，应立即将该笔的笔帽盖好，以免颜料挥发。

油性与水性马克笔的颜色均为透明色彩，所以在绘制时易与其他绘画工具诸如彩色铅笔、水彩与水粉混合使用作画，从而产生许多令人耳目一新的表现效果。

二、马克笔的作画方法

用马克笔绘制效果图时，一般要从浅到深着色。上色时应注意把色彩找准，尽量一次画完。马克笔绘制大面积时，要一笔一笔地排线，且需要尽量避免在各笔之间出现重叠，以防画出深色的线来。若在深色上画浅线，就要考虑到浅色马克笔有可能将底色洗去的可能，特别是在不吸水的纸上这种现象更容易出现。在作画过程中如能很好地利用这种特性，可以产生许多特殊的韵味。

用马克笔作画有以下一些问题需要注意：
用色超过画面边框界限，给人形体表达不准确的印象；
不同颜色的马克笔反复涂刷，从而造成色彩的灰暗和浑浊；
与铅笔混合使用时，铅笔线过浅，让人感觉图面没有明显的边框；
图面用色太多造成色调不统一，显得有些杂乱无章；
用马克笔画过于细小的东西难以施展其表现的特点。
以上几点对于初学者非常重要，也是马克笔作画过程中需要了解与注意的，在这里予以介绍以免大家在学习进程中走弯路。

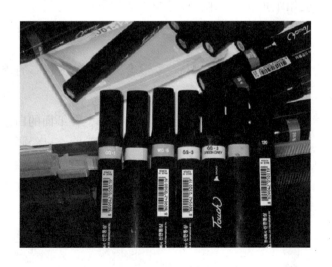

三、彩色铅笔的表现

目前市场上出售的彩色铅笔主要有12色、24色、36色、72色装几种类型。在绘制过程中，可以利用彩色铅笔色彩的重叠，创造出更为丰富多彩的色彩效果来。此外还有一种水溶性彩色铅笔，其颜色的品种较多，这种彩色铅笔在作画时可利用其溶水的特点，用水涂色，从而在画面上取得浸润感，此外还可以用手纸及擦笔抹出柔和的色彩效果。

彩色铅笔的颜色具有透明性，在作画时一个铅笔的色调覆盖在另一个铅笔的色调上面，从而产生出新的色调效果。而且彩色铅笔还具有附着力强，不易擦脏，经过处理以后便于保存等优势。

彩色铅笔的不足之处在于其颜色较淡，同水彩与水粉颜色相比，除有部分彩色铅笔的颜色能达到较高的纯度外，其他多数彩色铅笔的颜色涂在纸上的饱和度都不高。另外色彩的变化也不如水彩和水粉的颜色丰富，用线条涂成的色面往往显得比较粗糙。再就是用彩色铅笔绘制的效果图同样不适合较大的画幅。作为一种快速表现的工具，往往能与透明水彩、水彩、水粉以及马克笔等工具及材料共同使用，并能为作品增添更多的表现魅力。

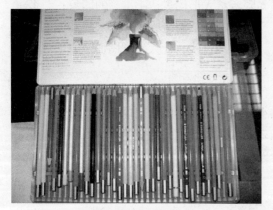 

四、彩色铅笔的作画方法

用彩色铅笔绘制效果图时，初学者学习使用彩色铅笔作画主要依靠掌握铅笔的压力与运用纸张的肌理来控制色彩。运用彩色铅笔的压力能够影响其色调在画面上的纯度，若轻压就会产生浅淡的颜色，重压就会加强色彩的浓度。而使用铅笔的压力与纸张的肌理密切相关。

运用彩色铅笔进行色彩混合，可以改变色彩的透明度、降低纯度和提高纯度。

改变彩色铅笔明度的方法

首先是改变使用彩色铅笔的压力，在纸面的白色或多或少显示出来时，色彩的明度就显得亮一些或暗一些；其次用白色铅笔涂在已经画好的颜色之上，可提高色彩的明度；另外，用黑色覆盖任何颜色，均会降低原有颜色的色彩明度；最后一点，使用一个比本色亮或暗的颜色来覆盖其他彩色铅笔的颜色，均会导致画面上色相与其明度的改变。

降低彩色铅笔纯度的方法

首先可用中性的灰色覆盖已涂在纸面上的颜色来降低其色彩的纯度；其次可用黑色铅

笔来覆盖，也可以达到相同的效果；再就是使用一个对比色进行覆盖，不管其覆盖颜色是否是正对原有色彩的对比色还是近邻对比色，均可降低彩色铅笔的纯度。

提高彩色铅笔纯度的方法

首先在使用彩色铅笔绘图时，可以加大使用彩色铅笔的压力，这样既能提高彩色铅笔在纸面上的纯度，又能降低颜色的明度；其次在作图时先用白色铅笔涂上底色，然后再在其上涂上想要表现的颜色，这样也可以提高彩色铅笔的纯度。

除此之外，还可用彩色铅笔画出各种各样的画面调子，以获得更有艺术魅力的表现效果。

五、上色时应注意的问题

· 用笔要随形体的结构，这样才能够充分地表现出形体感来；

· 用笔用色要概括，要有整体上色的概念，笔触的走向应该统一，特别是用马克笔上色，应该注意笔触间的排列和秩序，以体现笔触本身的美感，不可零乱无序；

· 形体的颜色不要画得太"满"，特别是形体之间的用色，也要有主次和区别，要敢于"留白"，色块也要注意有大致的过渡走向，以避免色彩的呆板和沉闷；

· 用色不可以杂乱，要用最少的颜色画出最丰富的感觉。

用最简单的色彩来表现物体的结构

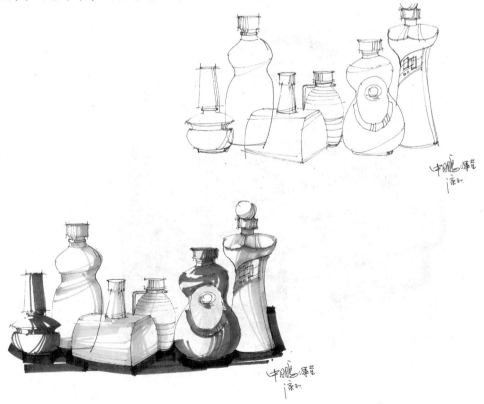

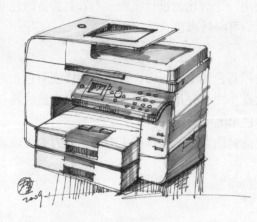

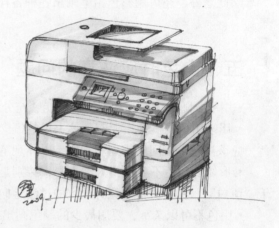

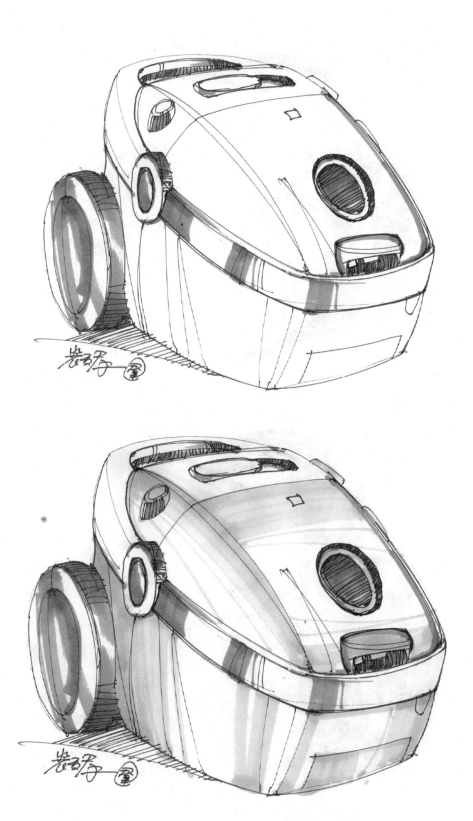

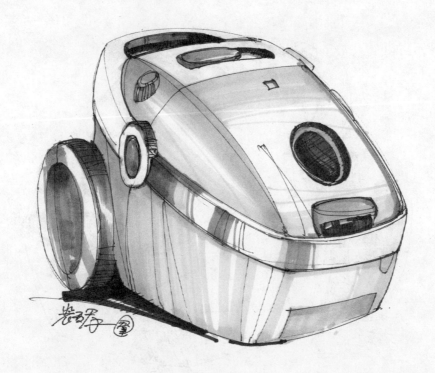

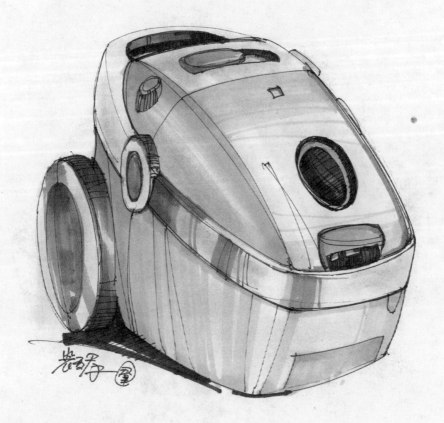

第十章
表 现 技 巧

所谓表现技巧，就是在实用产品设计中经常涉及到的一些快捷的处理方法。因每位设计师的习惯不同，方法也很多，在此仅供大家在学习中参考。

一、透明物体

二、圆角（R角）物体

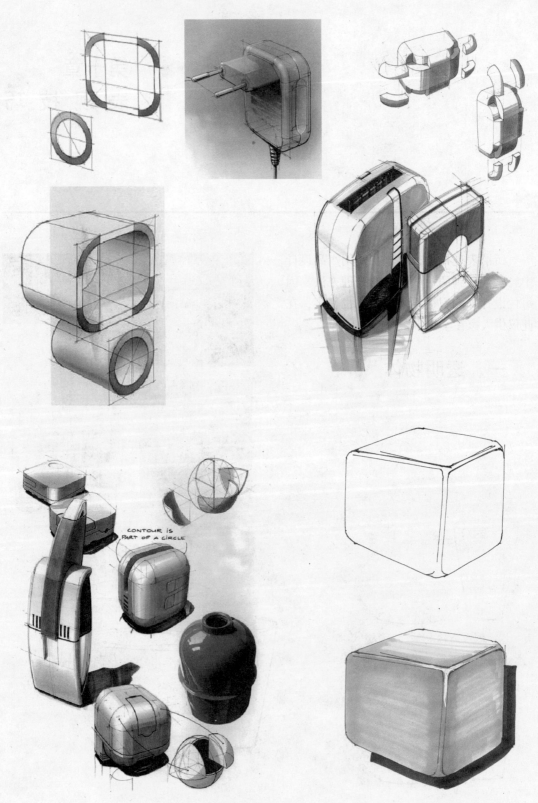

CONTOUR IS
PART OF A CIRCLE

三、球状物体

四、柱状物体

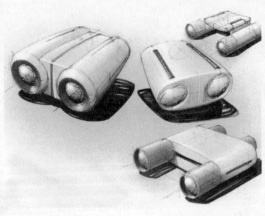

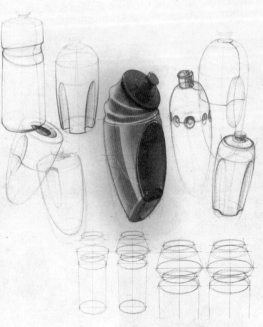

五、金属物体

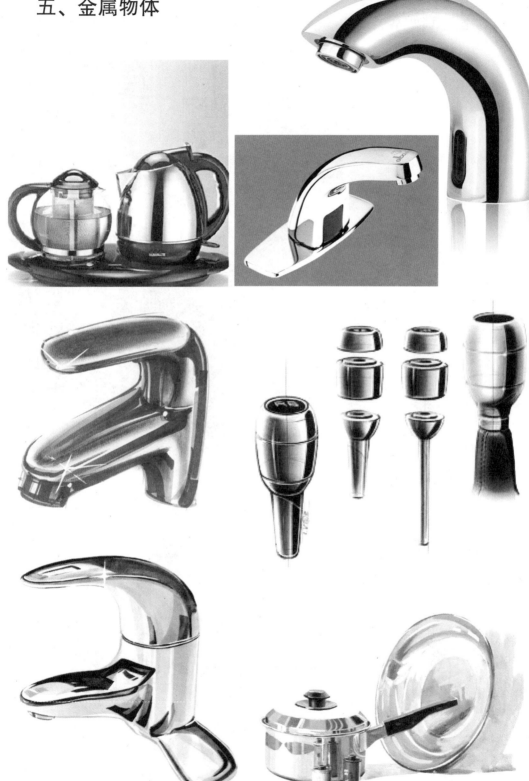

六、塑质物体

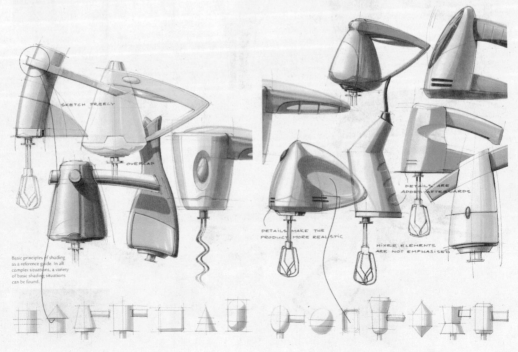

七、各式按键

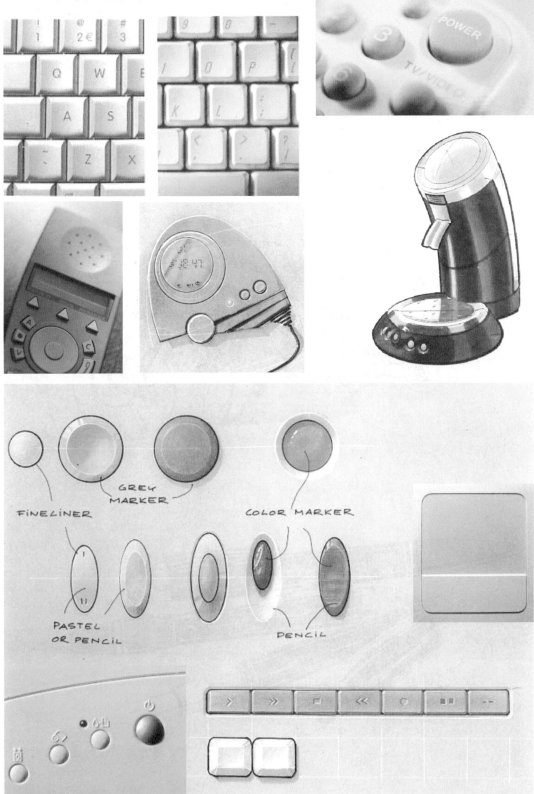

教学示范

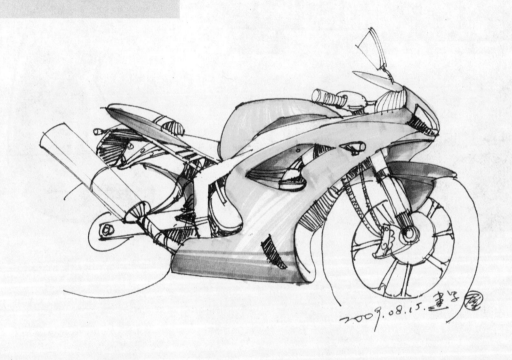

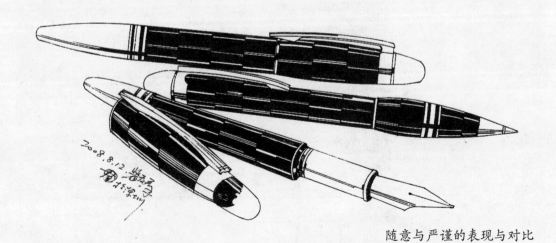

随意与严谨的表现与对比

（裴爱群　示范）

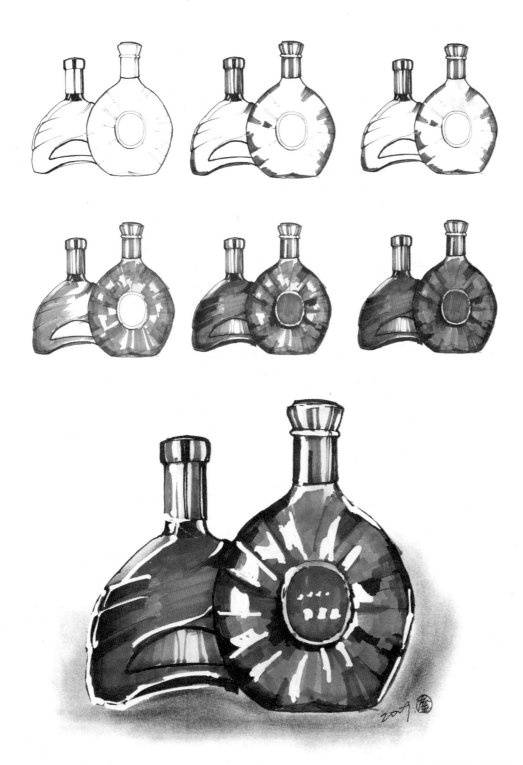

（裴爱群　示范）

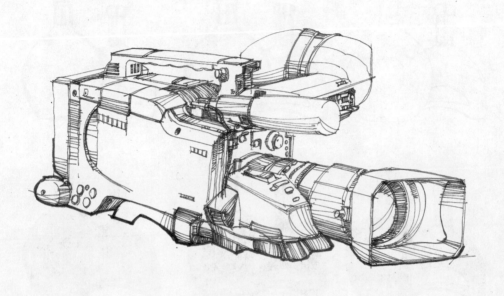

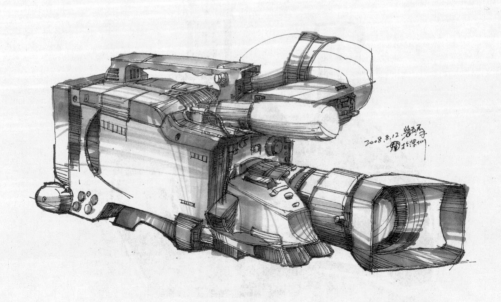

（裴爱群 示范）

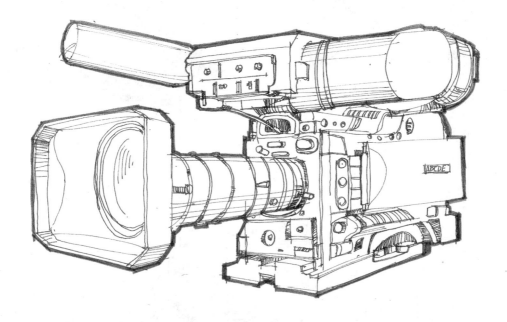

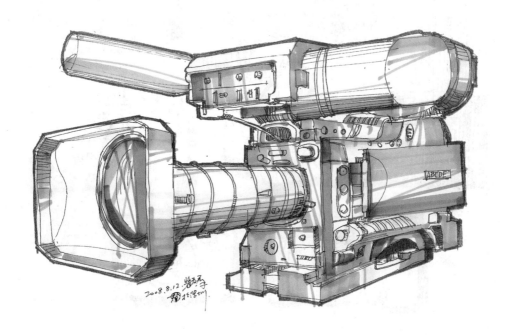

（裴爱群　示范）

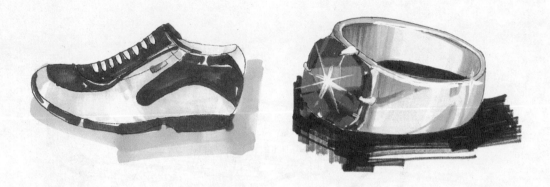

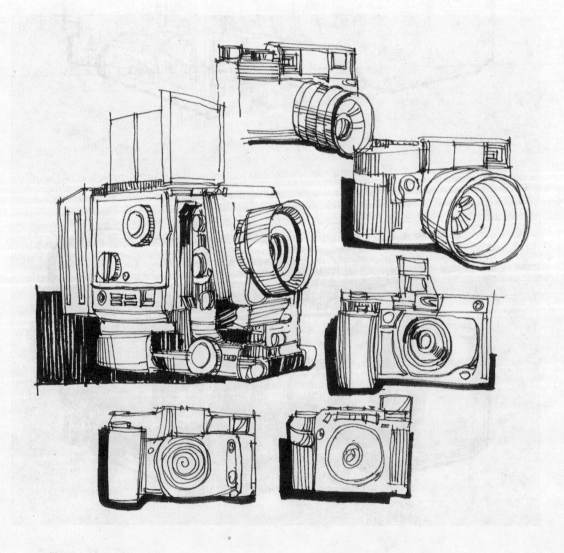

（裴爱群 示范）

●時钟
●收音·MP3·MP4.
●TV

多功能笔筒

收音开关
指示灯
收音机喇叭
调整纽

（裴爱群　示范）

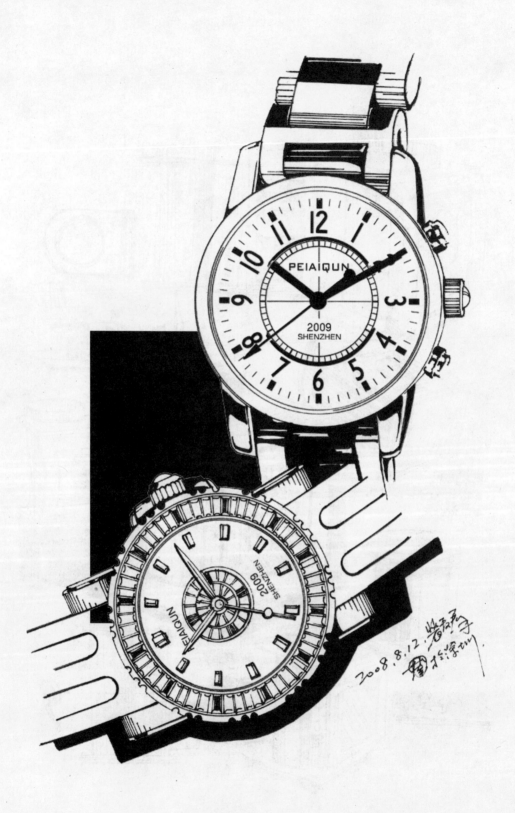

（裴爱群 示范）

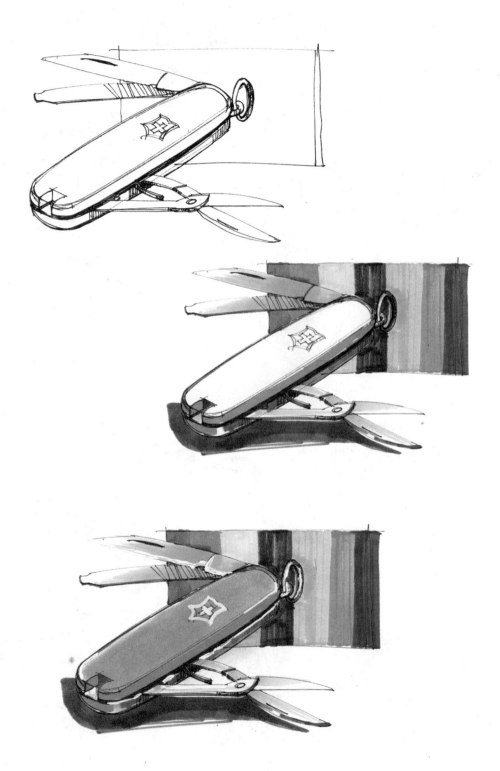

（裴爱群　示范）

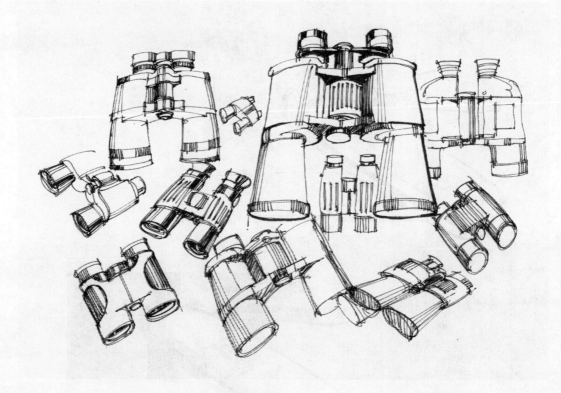

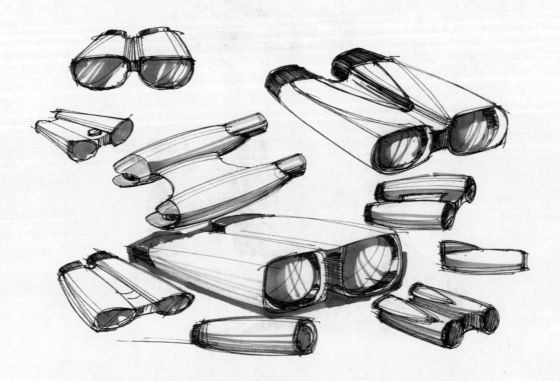

（裴爱群 示范）

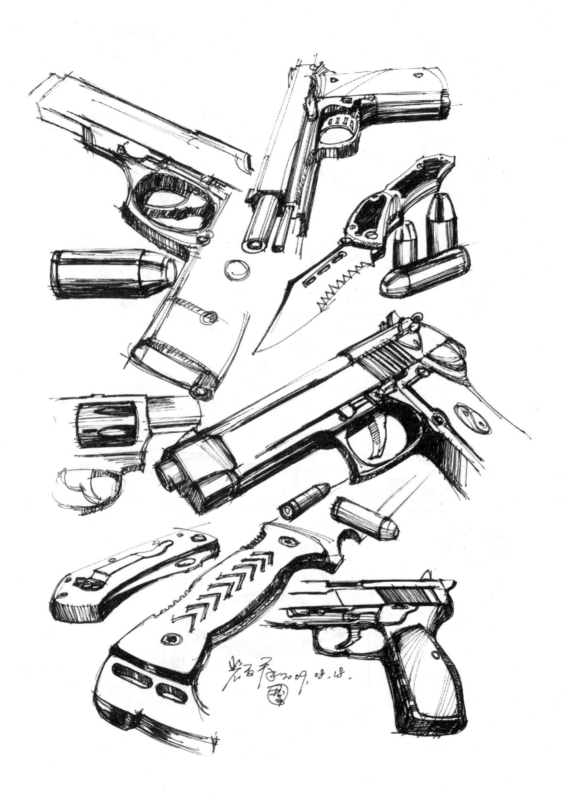

（裴爱群 示范）

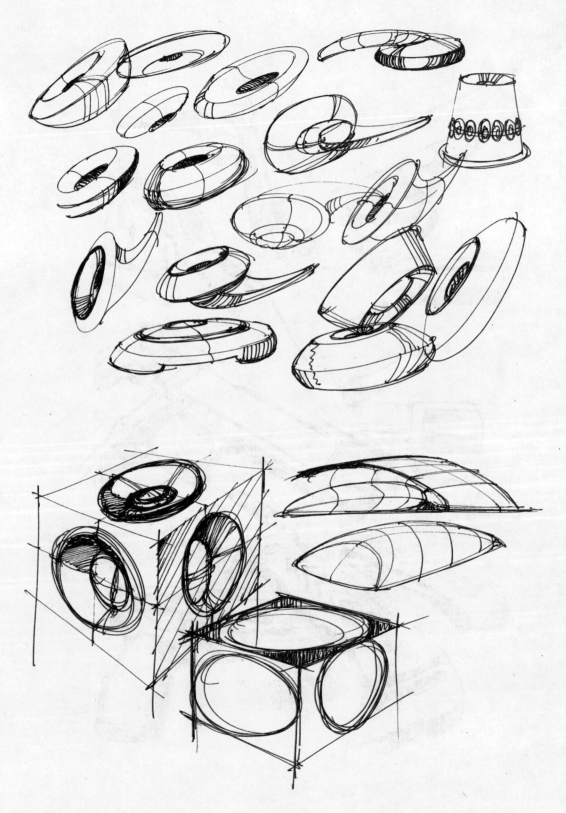

（裴爱群　示范）

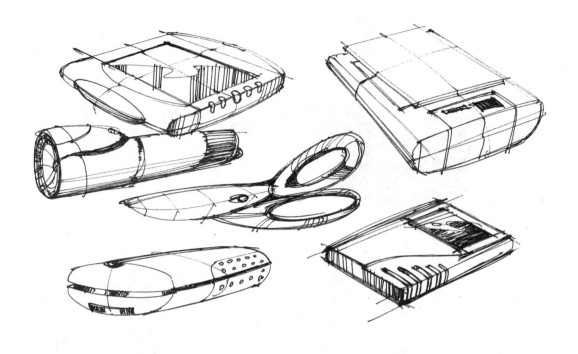

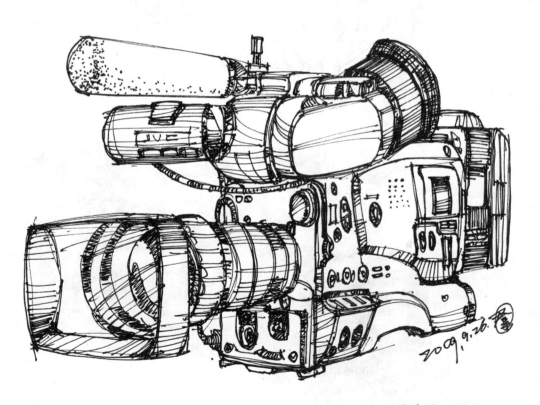

（裴爱群 示范）

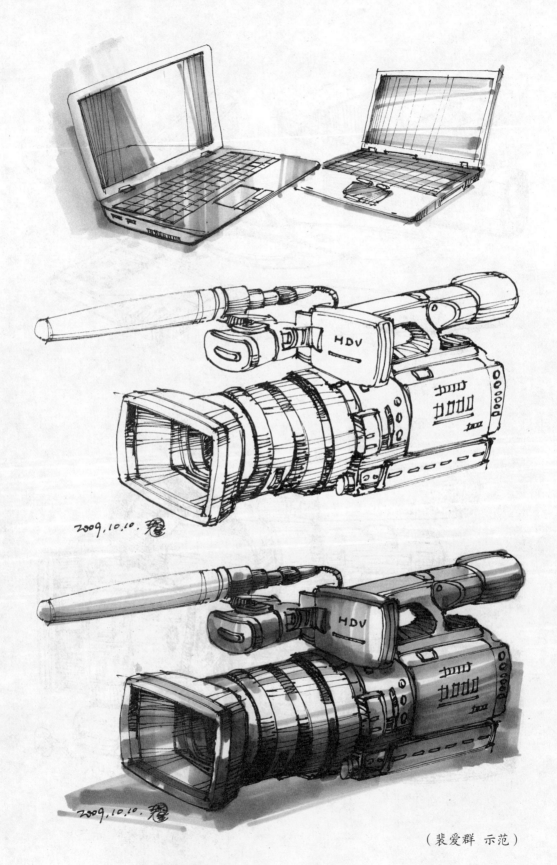

（裴爱群 示范）

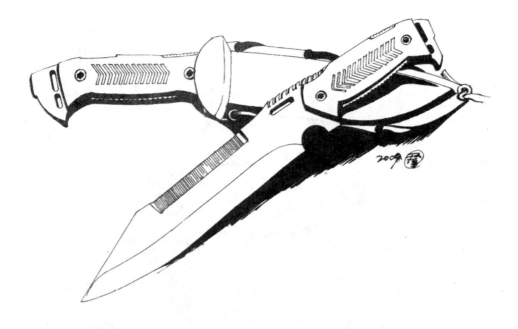

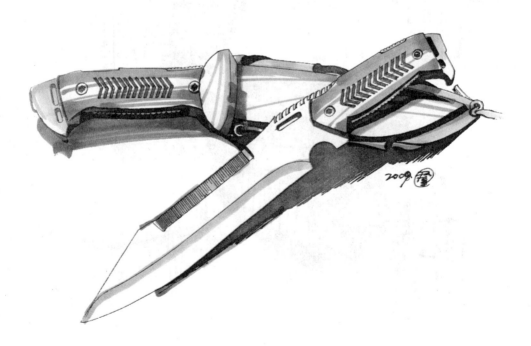

（裴爱群　示范）

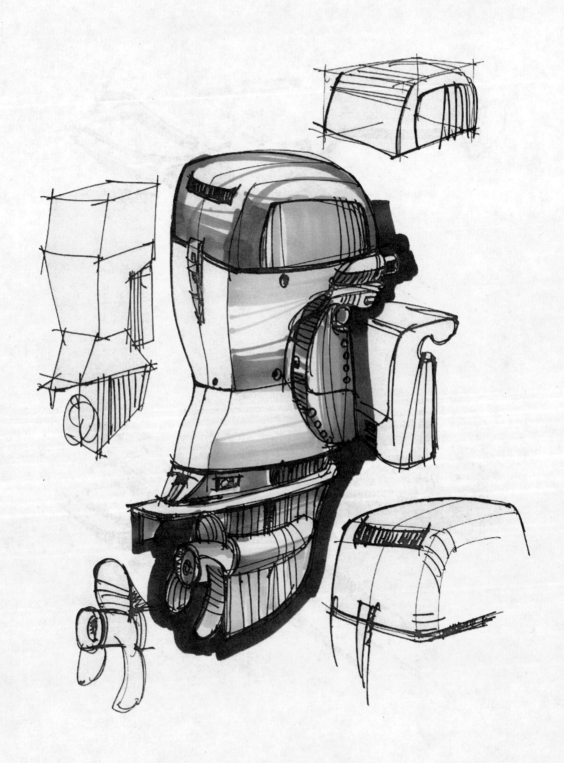

（裴爱群　示范）

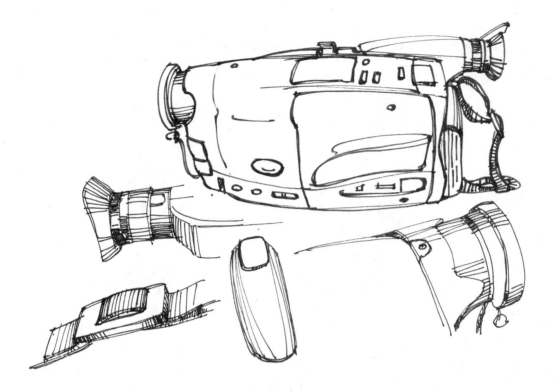

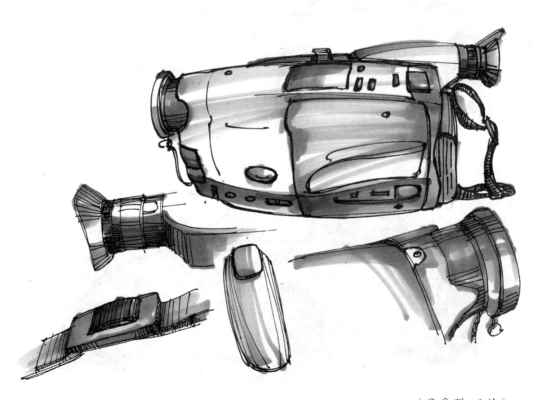

（裴爱群 示范）

（裴爱群　示范）

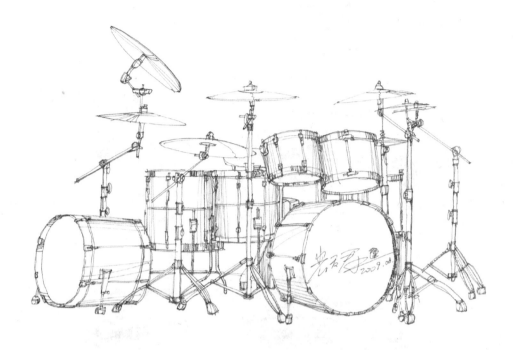

（裴爱群　示范）

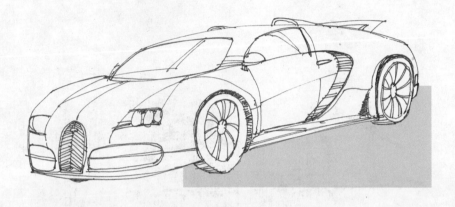

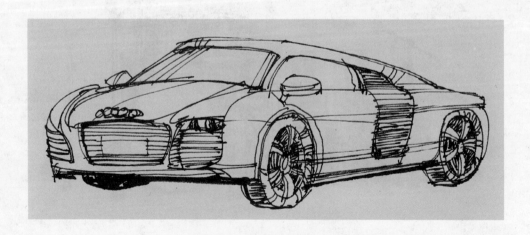

（裴爱群 示范）

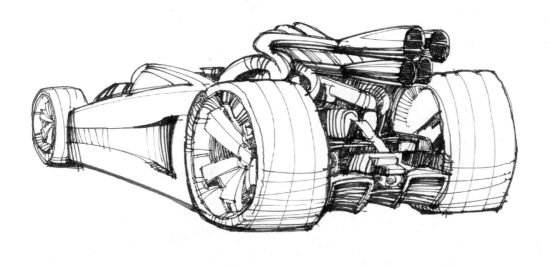

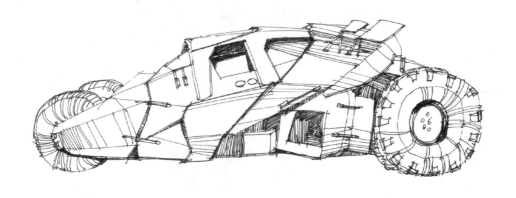

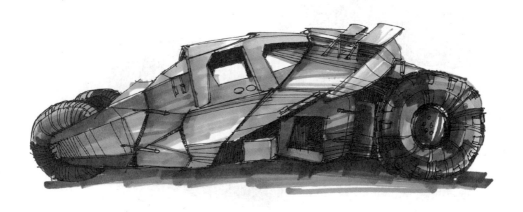

（裴爱群　示范）

（裴爱群 示范）

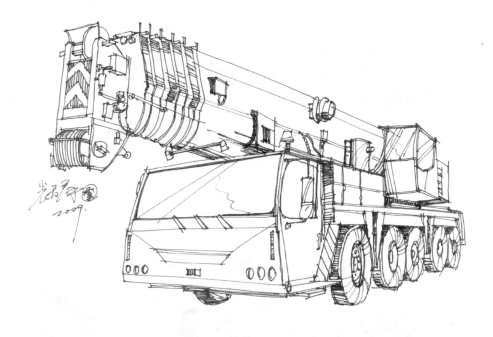

（裴爱群　示范）

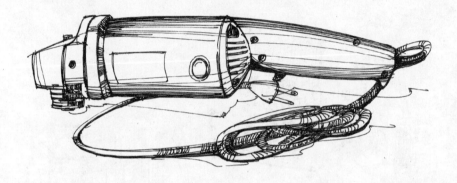

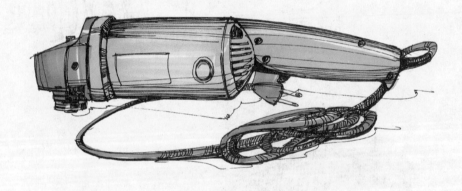

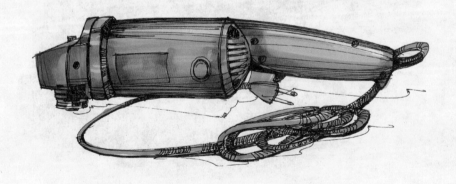

（裴爱群　示范）

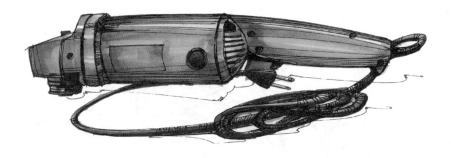

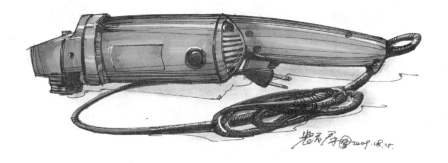

（裴爱群　示范）

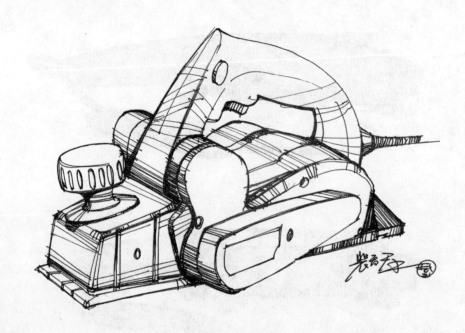

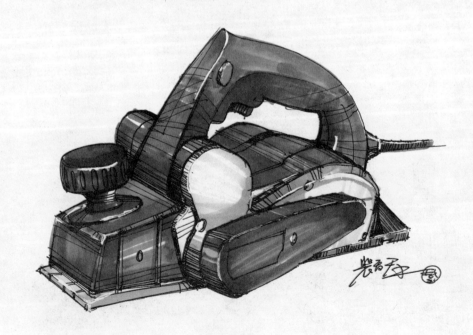

（裴爱群 示范）

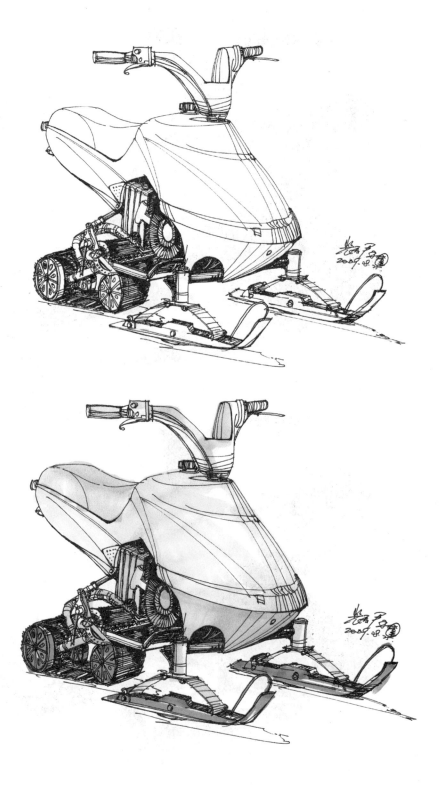

（裴爱群　示范）

（裴爱群　示范）

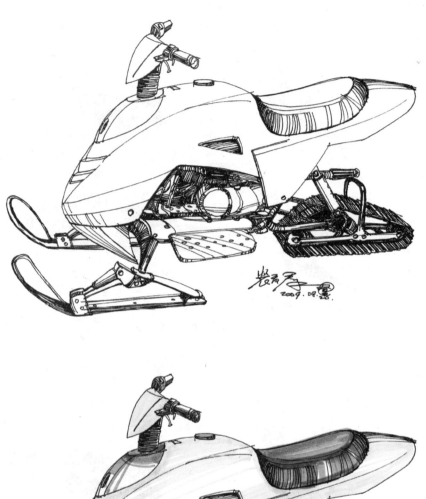

（裴爱群 示范）

（裴爱群 示范）

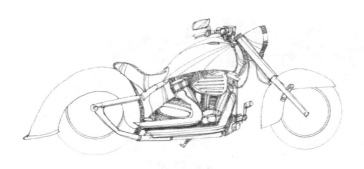

（裴爱群 示范）

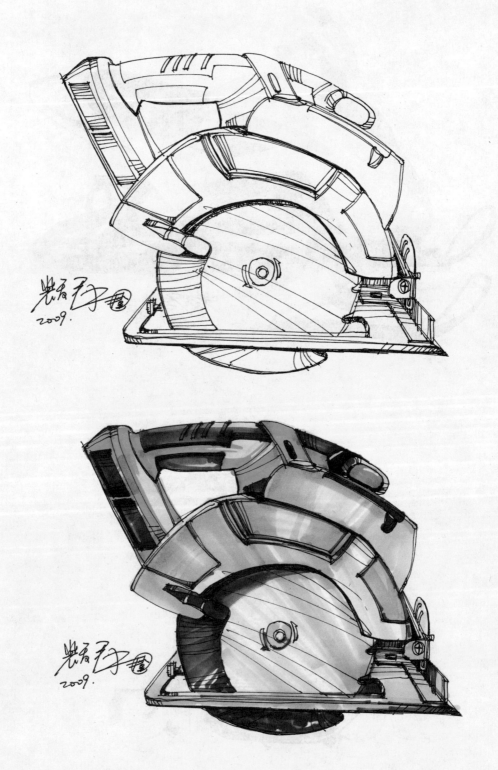

（裴爱群 示范）

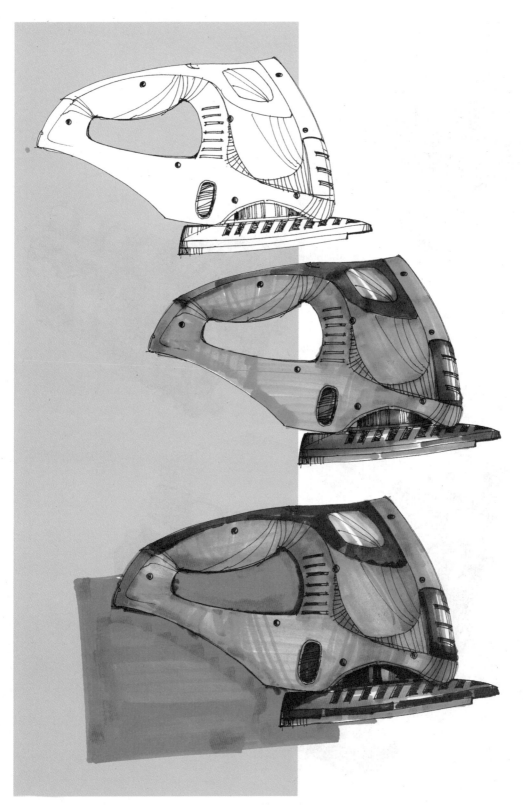

（裴爱群 示范）

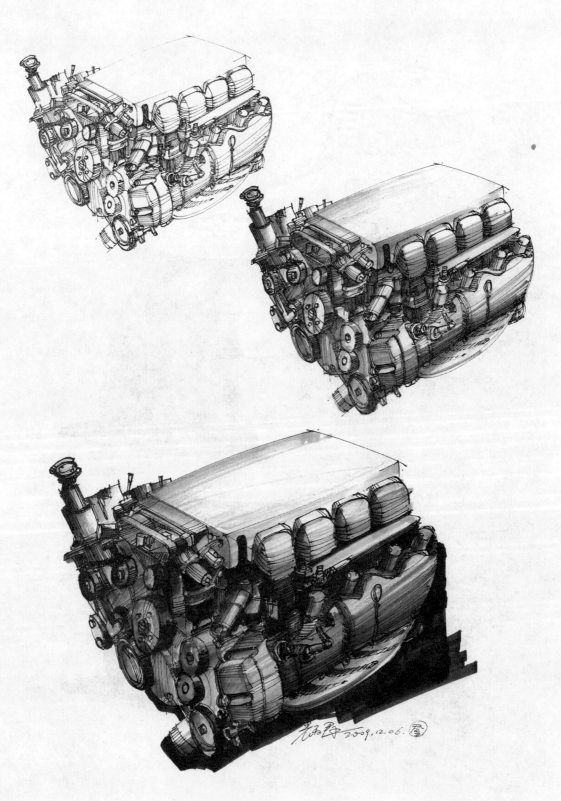

（裴爱群 示范）

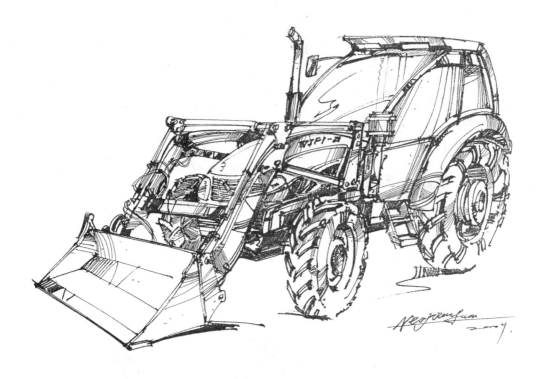

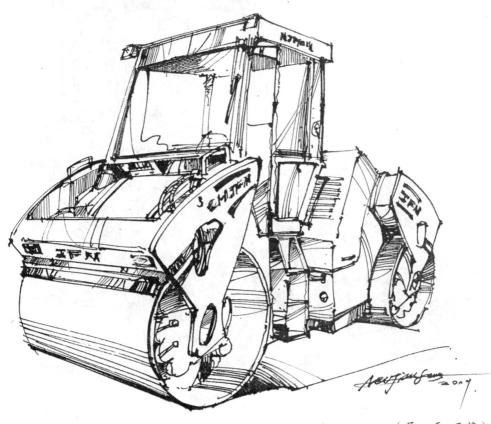

（聂一平 示范）

（聂一平 示范）

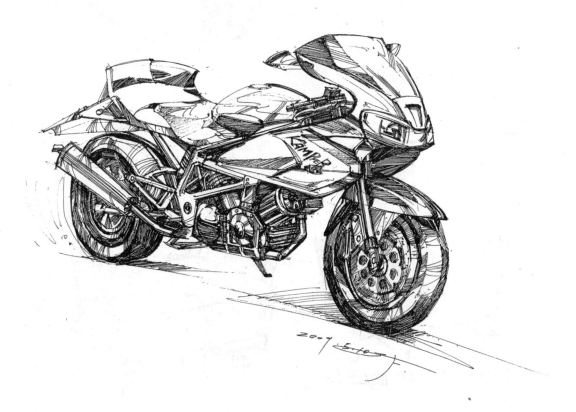

（聂一平 示范）

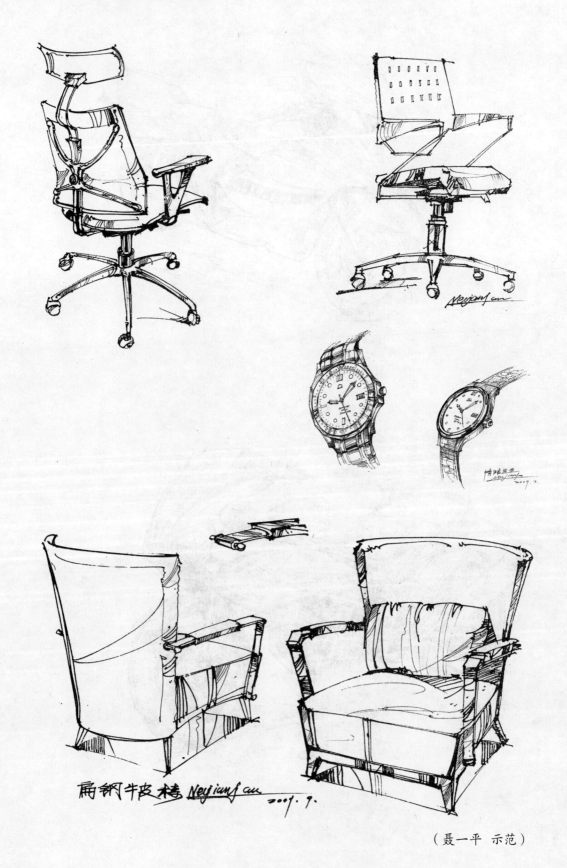

扁钢牛皮椅 Neyianfan 2007. 9.

（聂一平 示范）

（严专军　示范）

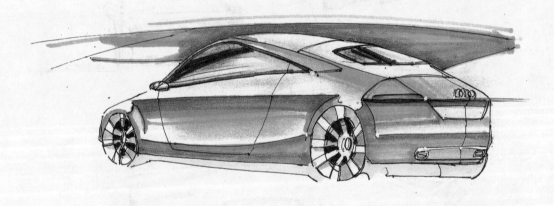

（严专军 示范）

手机类

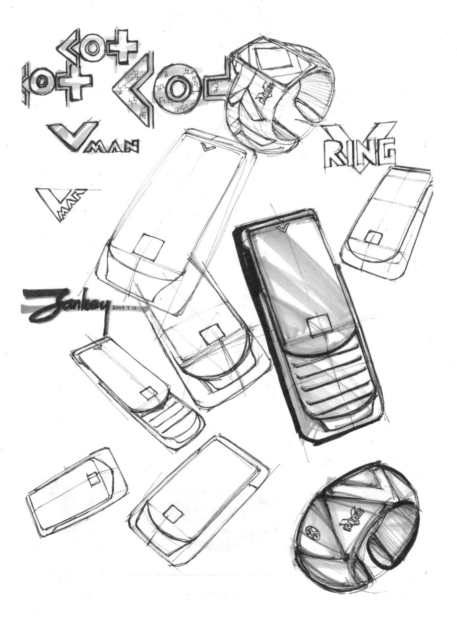

（张 奇 作品）

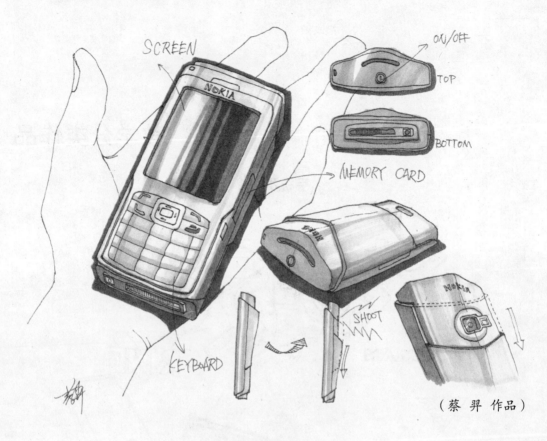

SCREEN

ON/OFF

TOP

BOTTOM

MEMORY CARD

SHOOT

KEYBOARD

（蔡羿 作品）

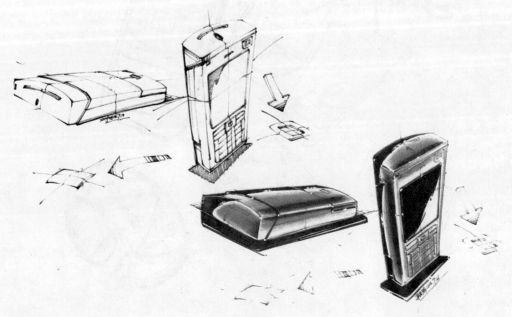

（孙先峰 作品）

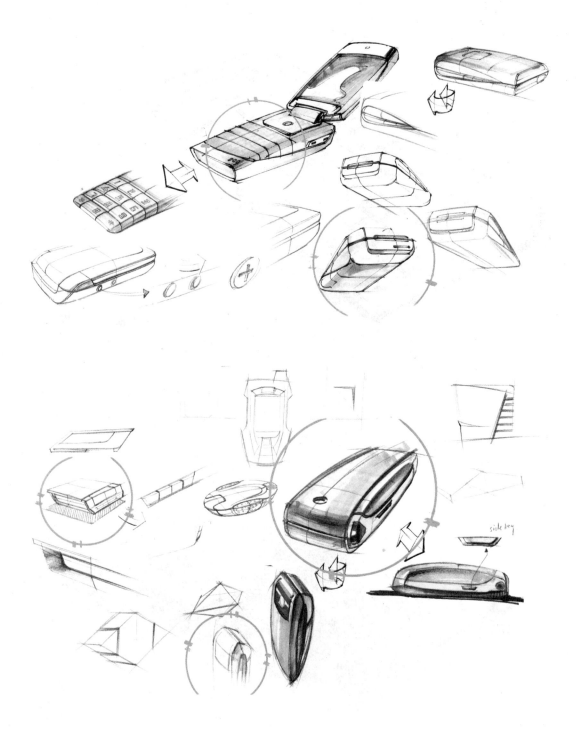

（肖　博　作品）

电脑类

（吴福湘　作品）

（刘皓文　作品）

（储著良　作品）

（李陈刚　作品）

音像设备类

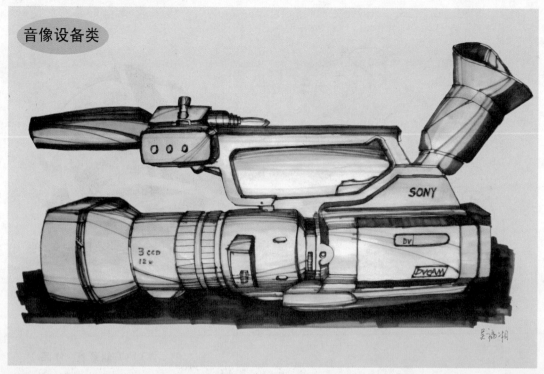

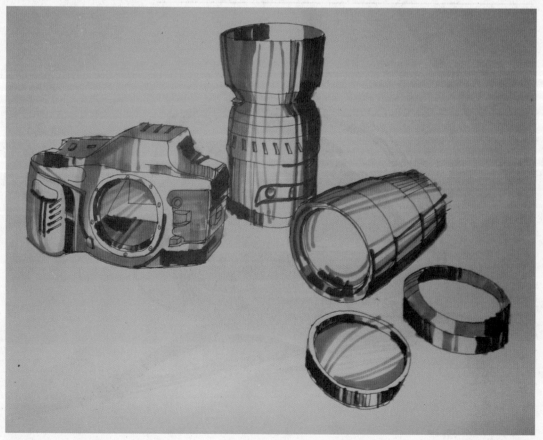

（吴福湘 作品）

（孙先峰　作品）

（王智斌　作品）

其他物品类

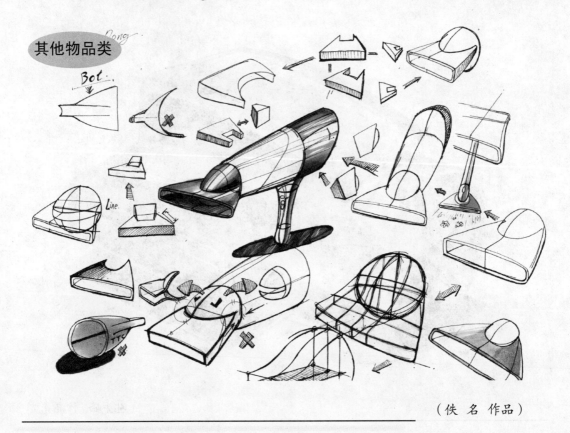

（佚名 作品）

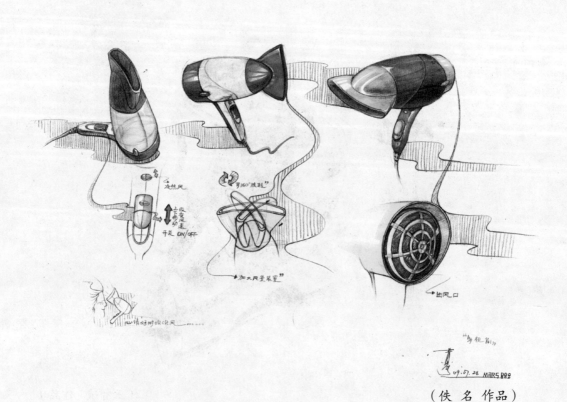

（佚名 作品）

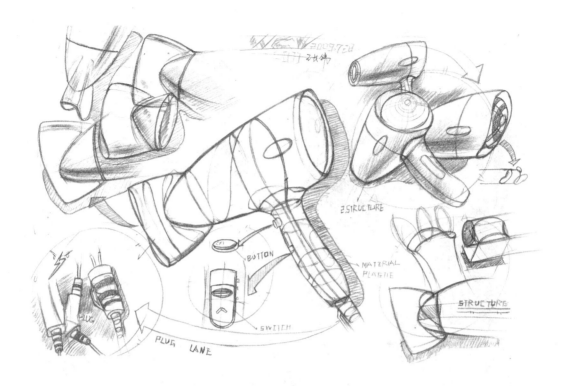

（佚 名 作品）

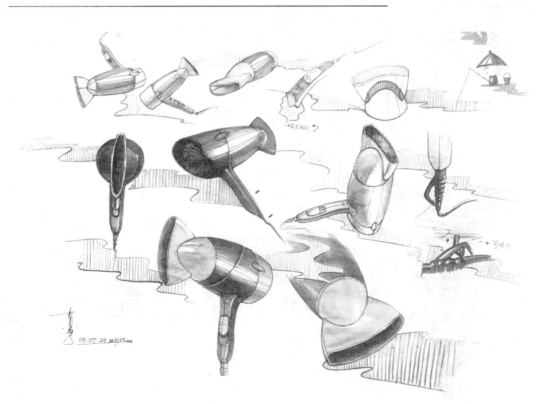

（佚 名 作品）

攻壳机动队

a better day

（袁静芳 作品）

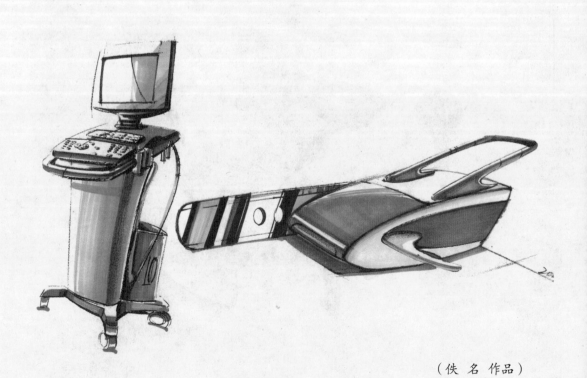

（佚名 作品）

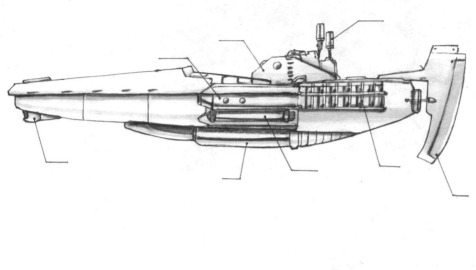

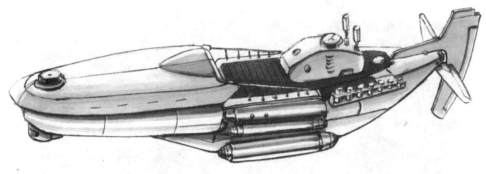

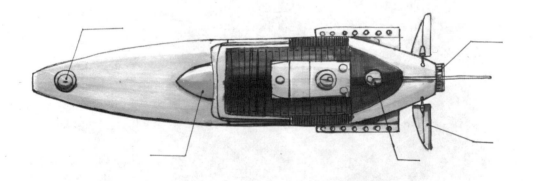

（佚名　作品）

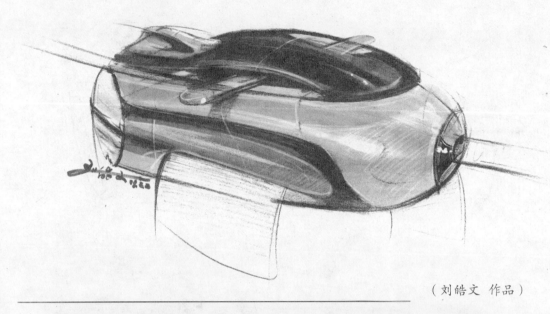

（刘皓文 作品）

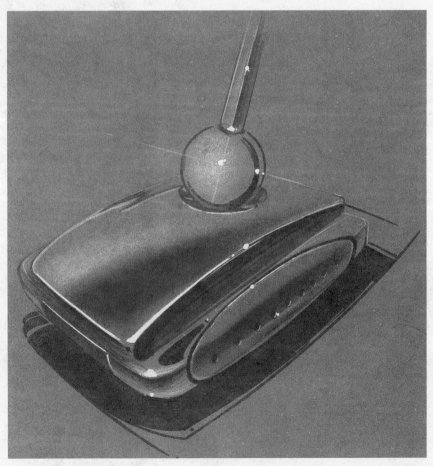

（李陈刚 作品）

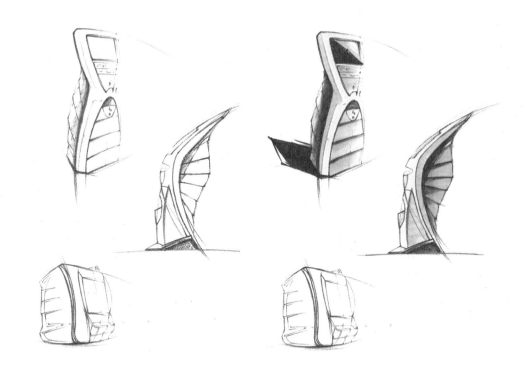

（刘志鹏　作品）

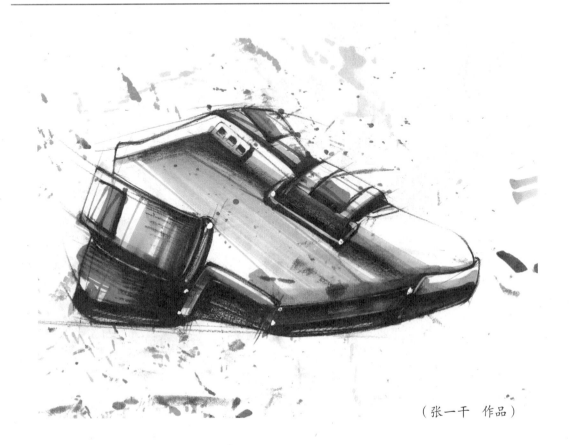

（张一千　作品）

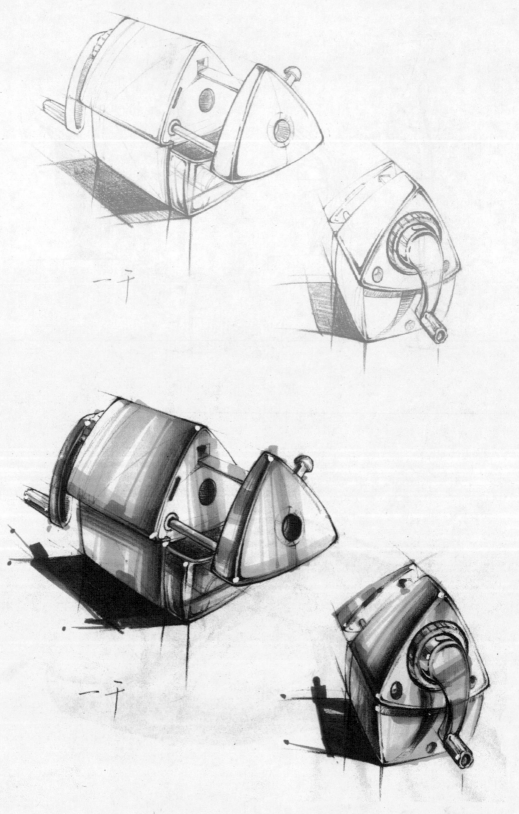

（张一干　作品）

（张一干　作品）

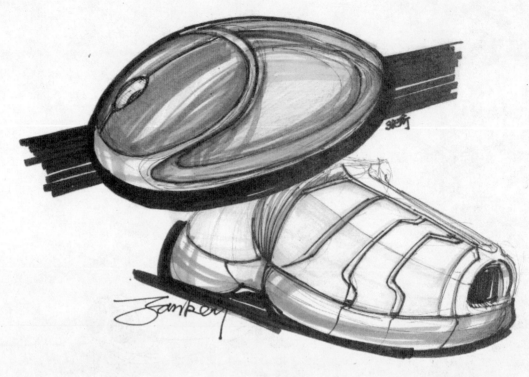

（张奇作品）

（张奇作品）

（余　沁　作品）

（陈富标　作品）

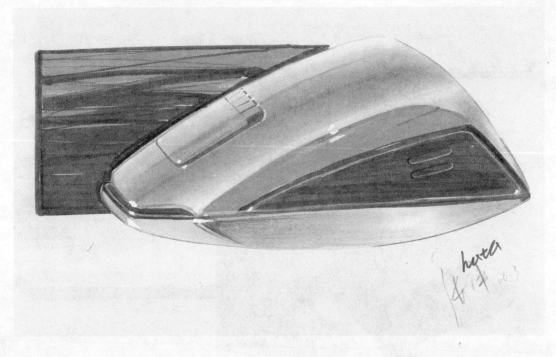

（张 伟 作品）

（吴福湘 作品）

运输工具类

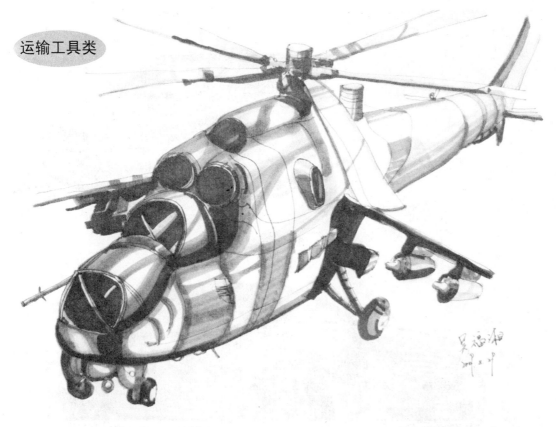

（吴福湘　作品）

（张 奇　作品）

（张 奇 作品）

（凌静 张奇 作品）

（张 奇 作品）

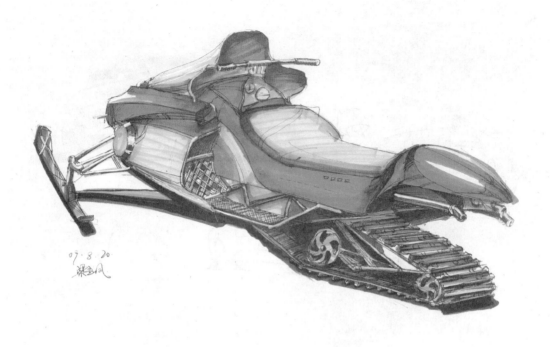

（梁玉凤　作品）

（储著良　作品）

（王　斌　作品）

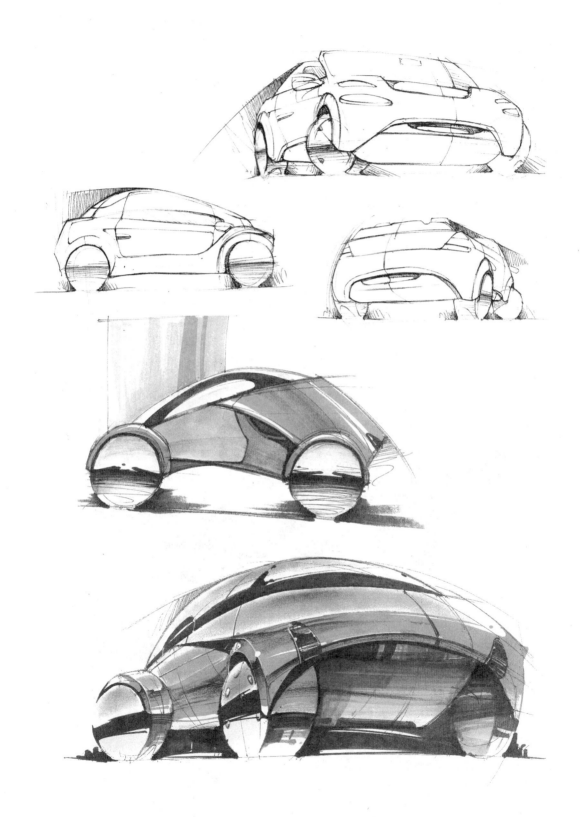

（李陈刚　作品）

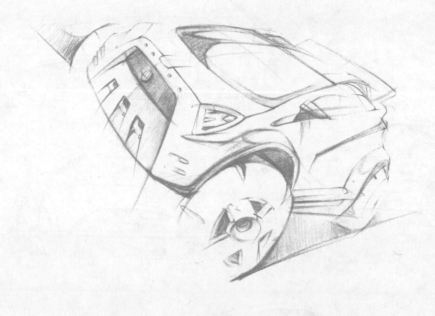

（刘志鹏　作品）

（刘志鹏　作品）

（小 凡 作品）

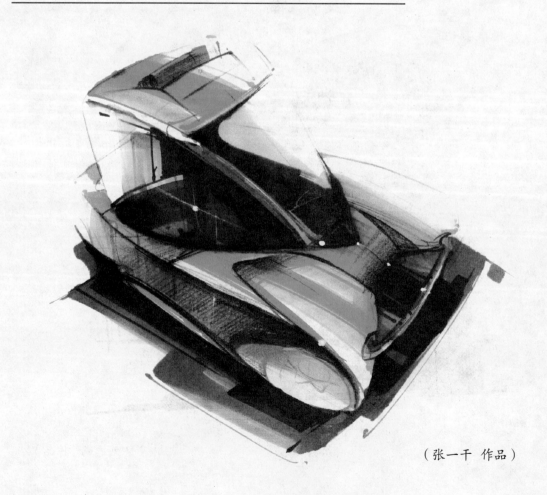

（张一千 作品）

（张一干　作品）

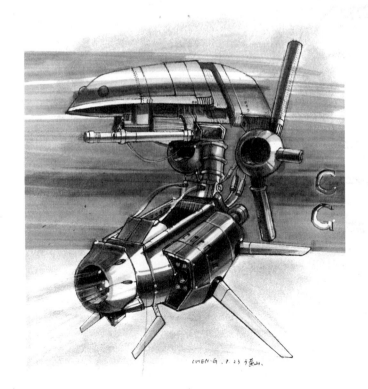

（佚名　作品）

（张婷婷 作品）

（佚名　作品）

（佚 名 作品）

（刘培刚　作品）

（佚名　作品）

后 记

晶报讯（记者 邓媛 罗秋芳 通讯员 乔莉）我市昨日最低温度仅7.3℃，创下57年来11月份日最低温纪录。市气象台预计，未来4天内，冷空气将继续影响我市，但强度有所减弱，气温或缓慢回升。预计19日至22日我市以多云为主，可见阳光，但早晚天气持续寒冷，最低气温在10℃～12℃之间……

（引自2009年11月18日《晶报》）

深圳的冬天，仿佛是一夜之间就悄悄地来临了。

这是一个让人刻骨铭心的日子。

就在这样的一个夜晚，这本《产品设计实用手绘教程》也完成了最后的编写工作。

天，很冷；我的心，很热——

但愿这本书能给深圳这个"设计之都"的冬天带来点点暖意！

我期待着明天的阳光以及阳光带给我们的温暖！

裴 爱 群

2009年11月19日凌晨

于深圳下梅林